日本新建筑视觉艺术

李剑华　著

中国建筑工业出版社

图书在版编目（CIP）数据

日本新建筑视觉艺术/李剑华著.
北京：中国建筑工业出版社，2011.12
ISBN 978-7-112-13805-0

I.①日… II.①李… III.①建筑艺术：视觉艺术-日本 IV.①TU-863.13

中国版本图书馆CIP数据核字（2011）第255082号

责任编辑：刘文昕
责任校对：陈晶晶 姜小莲

日本新建筑视觉艺术
李剑华 著
*
中国建筑工业出版社出版、发行（北京西郊百万庄）
各地新华书店、建筑书店经销
长沙正美文化传播有限公司制版
北京方嘉彩色印刷有限责任公司印刷
*
开本：889×1194毫米 1/20 印张：13 字数：260千字
2012年1月第一版 2012年1月第一次印刷
定价：69.00元
ISBN 978-7-112-13805-0
（20646）

内容提要

由旅日画家、造型艺术家李剑华先生所著《日本新建筑视觉艺术》一书，通过作者旅居日本多年近距离的探访、观察和思考，以一位造型艺术家独特的视角与视线，对数十位引领和缔造日本新建筑的代表性建筑师的设计理念、代表作品及施工实例等方面进行了深入有理性的分析和生动传神的介绍，将日本新建筑设计的视线与城市建设的景观，通过立体的画面直观地展现出来，别具特色，颇有新意。全书图文结合，观点鲜明，内容丰富翔实。

本书从文字内容上深入浅出、生动形象地展现了当代日本新建筑从传统的建筑观念中走向发展与开放的过程。经过百余年的不懈努力与探索，日本现代建筑界观念不断更新，新技术与新材料不断推陈出新，尤其在节能、环保、资源循环利用等方面，推出了先进的技术以及新的建筑理念，在近三四十年中取得了辉煌的成就，令世人瞩目。

本书分四大部分（A、B、C、D）及六个主题。书中“透过广角镜看日本现代都市新建筑”、“日本建筑界向观念设计的转变”、“探察建筑物件中的材料”等重要章节，以大师的视线对建筑实例进行了直观、立体、深入的叙述。书中还特别地以2005年日本爱知县举办的世博会场馆景观建筑技术运用的“大自然的智慧”绿色环保新理念为例，再现了建筑、身体、环境三位一体的新关系。

全书收集了200余幅图片，生动、形象、立体地展现了当代日本新建筑风貌，让人如同置身现场一般地走进日本列岛去领略当地的建筑文化与艺术，探寻其发展的历史轨迹，对进一步研究当代日本城市的发展和建筑艺术的新视角提供了极具参考价值的文献资料！从而为我们探寻日本建筑的昨天、今天和明天有了详尽的图文记录和理论依据。

李剑华

- 李剑华，旅日画家、造型艺术家。
- 1991年6月毕业于湖北美术学院；
- 1992年7月任《武汉晚报》社美术编辑；
- 1996年6月赴日留学，入东京艺术大学研究生院深造；
- 1998年8月取得日本政府“艺术家”资格，旅居日本；同年担任美国国际中国美术家协会理事兼任亚洲分会责任人；
- 1998年10月设立“李剑华艺术事务所”；
- 1999年5月撰写纪实文学《日本不是天堂不是地狱》，由华夏出版社出版；
- 1999年9月入日本华宁（集团）国际文化艺术中心任职，负责展览策划工作；
- 1997年9月油画《惠安女》获“中日韩交流展”银奖；
- 2000年8月获美国国际美术家协会“艺术成就奖”；
- 2006年9月著有《说艺扶桑》，由人民文学出版社出版；
- 2008年9月获日本永住资格，先后在东京、大阪、巴黎、纽约、洛杉矶、伦敦、渥太华、北京、香港等城市举办了个人展；作品被加拿大国立美术馆、日本千叶县立美术馆、日本东京都立美术馆以及美国纽约、中国香港等地的企业以及画廊收藏。

出版自序

多年来我在日本看建筑、写建筑、画建筑，走访日本建筑师,几乎是在近距离阅读一部立体的、可以观摩和细读的“建筑大集”。在观察、了解、搜集的过程中不仅收获了最直观的感受和体验，而且日本的建筑艺术也影响和吸引了我不遗余力地倾注更多的心力去关注它。其实，这一切并非偶然，都应归根于我对建筑艺术的酷爱。

言及东瀛建筑艺术颇有感触。每次，我利用外出采风或采访的机会就会留心日本一些城市的建筑景观。每到一处所见的街景、建筑、园林等情况，我会细心地收集；或到施工现场观察，了解建筑施工的一些情况。久而久之，手头积攒了不少这方面的文字和图片资料。许久之前就酝酿着要将这些整理成册，以飨国内的广大读者。

可以说，了解日本的建筑，就像了解一部“百科全书”。首先，既要看它的过去、现在以及将来，也要看它的工艺、技术等诸多方面。日本的建筑文化经历了从封闭的意识形态中挣扎、解脱直至逐步走向开放和接受外来文化的影响这一漫长的历史过程。经过千余年的发展演变，日本的建筑艺术可谓是一部十分耐读的书，它外观精美、建造技术先进、设计独特，这些方面都是可以细心品读与玩味的。用“从大到小”来概括日本的建筑整体面貌与设计风格似乎十分贴切。“大”是指建筑整体设计之大气，创新而不平俗。“小”喻指建筑工艺之精细，材料加技术之先进。

日本新建筑景观设计之“大”，包含的意义很广，这其中有建筑景观设计的新观念，设计师的创意与创新，设计视野与眼光之远，造型设计新奇独特以及新观念、新技术、新材料的运用与开发推陈出新等方面，特别是第二次世界大战后涌现出来的一批又一批成就卓著的建筑人，更成为大众所熟知或热谈的话题。

看日本的新建筑我会特别留意建筑师的理念及建筑景观的造型与创意，尤其是一些颇具时代气息与创新的建筑总会给人许多的联想，甚至是刻骨铭心的记忆。在众多的日本建筑中，让人留住记忆的创新建筑要数首都圈的那些引人注目的建筑风景。譬如，东京海湾临海副都心的富士电视台、东京国际展示馆、天文台、NTT电信大楼、横滨美术馆、东京新宿都厅舍、临海副都心眺望台等。这里的建筑以外观新奇独特、用材先进、内外结构设计多变的风格令人震惊！令人痴迷！

在这新一轮建筑景观设计中恰恰体现了细小而重要的环节——日本建筑的新技术和新观念，它包罗万象，如建筑材料的使用与开发技术、建筑的设计与构造、建筑的力学原理、建筑的环境科学、建筑与环境的关系等。

日本建筑设计之精细，包括建筑的设施之精细，其中包括有设计师的创意与创新、建筑技术的领先与施工材料的利用，也有建筑内部结构多变、细节机关与设置的合理性。其实，创意的设计、精美的内部设施才真正体现建筑的魅力、建筑的细笔。当代日本一些新建筑，格外注重对内部设施的合理性和在装饰艺术性上下功夫，力求寻找符合当代人的心理需要和情结因素的设计。如建筑室内的调配光源、隔热、耐热、抗震、防震、防灾、排放废弃物等设施都设计得十分人性化。同时在合理利用资源、保护自然生态环境基础上提出了新的理念并研发出了许多新的技术。

走近日本记忆之中的建筑景观，领略日本建筑的新观念与先进技术。特别要提及的是著名的建筑师安藤忠雄，他设计建造的建筑使我重新认识了日本新建筑。以“多面体巨人”著称的建筑师丹下健三则是日本建筑界开天辟地、创造建筑神话和奇迹的代表，他设计的建筑作品使日本的新建筑载入历史的里程碑。其次，还有伊东丰雄、林昌二、三宅理一等，这些人都很难从人们的记忆里消失，正是他们设计建造的建筑给了我重新审视日本建筑的机会，也从中了解到日本建筑的昨天、今天和明天。

从看一座建筑景观的构造、外貌以及内部的相应配套设施，完全可以考证一个国家的建筑文化和建筑技术的发展面貌与水准。在未来的世纪中，从建筑的发展、走向以及设计的新规划中，或许，我们获得的不仅仅是一座建筑带给人类一个服务功能的载体，而是更多的使我们感兴趣的话题和专门的知识。假若我们有心去打开这扇知识的大门，细心观摩或了解这一切，将会发现这片空间非常之大，大而不失精细之处……建筑艺术无时不在影响着我们的生活，又无时不在养育着我们的视觉，冲击着我们去重新认识自身的生活、欣赏城市的建筑风景，甚至去改观构造更美的居家环境。故而，我们有必要走近日本现代建筑景观去了解这一切。

Contents

Contents

Contents

（本书图片由作者提供）

探察日本古代传统建筑艺术

尽管我的视线是以日本当代新建筑为主要探察对象，但古代建筑经典的部分，我们依然不能忽视，本书选取了其精华进行探究。这种今昔对比的方式对了解日本新建筑是有帮助的。通览日本近代书院、寺庙建筑景观，从中可以看到日本建筑“混血文化”的特征。历经数百年的发展与演变，我们可以看出，从远古到近代日本的建筑文化受到中国传统建筑艺术的深远影响；随着日本“倒幕开国”兴起西洋文明的文化热潮以后，传统的日本建筑文化又开始融进“西洋文明”的“血液”成分，使日本建筑艺术率先走出亚洲、走向世界！为此，这些经验也成为我们今天需要研究的课题之一。

尽管说，当代日本新建筑是本书介绍的重点

但东瀛古代建筑经典的部分

我们依然不能忽视

在此，选取其精华进行分析

这种今昔对比的方式去了解日本新建筑的发展过程是有帮助的

> 在东京皇居有着历史意义的“文化”遗址建筑至今保存完好，如上图古建筑与现代建筑形成鲜明的对比

景观之一

“和风建筑”艺术特色

一直以来，我在思考着这样一个问题，
日本人何以能把传统工艺与现代建筑技术结合得如此完美，
并形成自己独创的建筑艺术——和风建筑。
由此，又不得不让人想到我们对古代建筑艺术的传承尚存的不足。
只有比较才能找出差距。在细读“和风建筑”艺术时，我们会发现，
和风建筑有派别之分。譬如，丰饶派，丰穰派之别。在这些派别之间，
丰饶派以轻质的材料、透明的室内装饰、简洁的艺术彩绘
将建筑与绘画艺术有机地结合。突显出日本古代建筑艺术的特色，
即民间工艺与绘画艺术加建筑技术的大融合。

> 图为东京塔的建筑

“和风”是日本特有的一种文字表述。之所以说它特殊，就在于“和风”取材于日本本土的历史和文化，是以日本传统文化中的下驮、和服、风吕等组合而成的。

日本古书中对“下驮”、“和服”、“风吕”有这样的解释：“驮”即指“履”，即人所穿的鞋。“和服”是一种服饰，象征美的含意。因为特殊的气候，日本人有极爱洗澡的习惯，“风吕”指“浴”的意思。因此，将“和”与“风”组合而成“和风”，它代表着日本特定的文化。日本古代建筑中那道独特的风景——“和风建筑”，其艺术形式的由来也就被人们传说开了。

日本古代建筑中的“和风”即指“和式”建筑，是由特殊的建筑材料与设计方式构筑而成的。“和风建筑”是以装饰空间的障子、懊、绿等组成的。“障子”是以日本特制的纸涂于窗上，通过透进的光形成强烈的投影成为一幅视觉立体的画面，这种光与影的效果恰好形成制作障子屏风的最佳元素。通过手工绘制，障子上有各式的图案表现，也形成了和风建筑特有的装饰艺术。“懊”（同奥，指房屋深处）融汇了日本传统手工艺，通过书写或绘画形式在窗幕、门面、个室之间进行描绘，使推拉门增加空间与画面的感觉。“绿”则指外部与内部之间部位的轩（门帘）等。运用这种独特的风物和特定的文化理念，将传统记忆中的历史、文化韵味借助室内装饰与绘画艺术的结合形成了“和风建筑”艺术。

无论是丰饶派还是丰穲（镶嵌工艺）派设计建造的和风建筑，都将手工艺与木质材料糅合使用作为建筑主材，并在土质材料上加工研制。力求可达到吸湿、放湿的功效。在内外墙体、天井的用材上，通过手工绘制形成和风建筑这种特殊的构筑形式与技术。

走近“和风建筑”艺术时，我惊奇地发现在这些用土、纸、灰粉相互调配的建筑材料中，炭起到了吸湿、去臭等作用。把贝壳、砂石混合土纸、炭粉，就构成了墙体凸凹的肌理效果。由此说来，这种和风建筑艺术形式十分环保。在进一步的探察中，我了解到在研制这种土质的材料时，利用传统与现代工艺加技术相结合的艺术手法进行加工，以达到一种独特的工艺效果。和风建筑艺术形式的另一个特点，是它使用的漆食对人的身体无任何有害影响。“漆食”由轻石灰和海藻（海藻的角状物、银杏草）纤维混合构成白壁材料，是江户时代流传下来的一种上漆工艺与技法，这些经过加工后的漆食具有环保、可塑、保水、固定的功能作用。在涂、漆食、糊、贴等技法上，将和风建筑的工艺技术发挥得淋漓尽致。

因为从事绘画艺术多年，所以我对其他艺术形式所使用的材料也十分好奇。经过了解，我发现和风建筑的用材，尤其是和纸的使用特别有讲究，它在空间的塑造上，起到了其他的材料所无法取代的作用。和纸是日本独特文化空间的浓缩，它通过和纸透光的作用、明暗色彩的浓淡变化，再通过手工彩绘，以及和纸与襖（同袄，棉絮与纸合成的墙面）结合构成室内壁面、天顶、幕窗的空间与世界，在装饰上有着奇异的功效。据了解，和纸除了透光、通气、调湿、消臭，还具有遮蔽太阳紫外线的作用，可以说有极佳的空间净化功效。

和纸是采用优质的皮革纤维加工生产制成的，因而具有保存时间长的优点，有的保存时间可达千年之久；再一个优点是耐高温低温、耐潮、易保存，通过适当防污处理及防水处理，据说也不会被破坏的特点。

和风建筑较好地利用了障子、懊、绿等建筑元素并采用手工彩绘、喷涂、精工细琢的辅助手法构筑起日本独有的一种建筑艺术形式。著名的古代建筑“桂离宫”就是以和风建筑风格筑造而成的。它在室内的装饰、设计、施工与彩绘等工艺上，凸显和风建筑艺术的辉煌魅力。整座古建筑通过谷川展望台、露天风吕、茶室、宴会厅、客室、贵宾厅与庭园等构成一个梦幻般奇异的建筑世界，尤其是其室内的墙体

> 图为和风建筑的室内风景。

壁面通过绘画师细工雕琢的彩绘，在施工技术的精度上，可以说是日本和风建筑史上最高水准的代表建筑。

此外如“贵祥庵”、“大和之汤”、“台付榉之家”、“利根川堤之家”、“壶之家”、“月之砂丘”等古代建筑，则代表了日本近代和风建筑精湛的艺术水平。这些传世力作凝集着日本建筑界一代代优秀的建筑人大量的心血和劳动。

景观之二

日本古代建筑史上“三位巨人”

在我们的视线里，
日本古代建筑史上有三位不能不提及的、
影响着日本建筑发展而极具份量的人物，
他们分别是织田信长（1534~1582年）、
丰臣秀吉（1536~1598年）、德川家康（1542~1616年）。
关于他们对建筑的贡献，他们的事迹，有不少的文史记载，
他们对16至17世纪日本建筑的发展起到了重要作用，
是成就卓著的典型代表。

> 图为日本历史性的建筑——法务省的大楼，有欧式风格的特点

在我们眼前，所看到的日本近代建筑形式多样，首先以洋馆、外国领事馆、高楼住宅为代表。洋馆建筑在日本的出现，为当时的城市发展注入了新的“血液”。明治后期，早期留学欧洲的一些建筑师回国后，在建筑技术与设计形式上大胆吸收并运用欧式的建筑设计思想与技术，从而在日本列岛上兴起了“洋式”建筑之风。探访信长、秀吉、家康在城市建筑、灵庙、神社、寺院等建筑中所产生的作用，我们会惊奇地发现他们各自的不同特点。在江户时期，他们在大阪、京都等地的大规模建设中起到了极其重要的作用。譬如织田信长，他在1579年建造的“安士城天守阁”，被称为是当时具有最高艺术水准的建筑之一。随后，在兵库县姬路市又修建了“姬路城天守阁”的层塔式建筑，运用木结构、土石为基础的建筑技术，在日本古代建筑史上，可谓开了先河。织田信长的社会地位，尤其是他的思想影响着当时的日本建筑的发展。

丰臣秀吉的故事很多，他显赫的政治地位也决定了当时的建筑风格。当时，他以大阪为中心修建了一大批建筑。在建筑形式上，借鉴吸取了中国古代寺院、庙宇建筑技术，成为日本古代经典建筑。

德川家康于1590年以江户时期街道的建设为起点，建造了一批东西南北城区为中心的建筑，展现出当时日本建筑面貌。德川家康是江户时期的代表人物，由于武士出身的背景，他所造的建筑有别于其他。不同特点在于这些达官权贵的建筑风格中，体现出威严、富丽华贵，也形成了当时日本建筑的一种面貌和风格。

这三位著名的代表人物的出现，使日本古代建筑呈现出不同的面貌与风格。

> 图为东京六本木Hills建筑室内景观

景观之三

近世纪的“意匠景观建筑”艺术

> 东京六本木Hills大楼毛利庭园内外景观

前不久，我翻阅了宫元健次先生所著的《近世纪日本建筑的意匠》一书，发现有一道景观特别引人注目。如在“桂离宫”、“龙安寺石庭”、“西本愿寺”、“南蛮寺”等书院、寺庙的建筑中，我看到这是东西方建筑文化艺术的大碰撞、大融合。通过“和”式与“洋”式相结合的建筑形式，凸显出日本古代建筑很高的艺术水准。

通览日本近代书院寺庙建筑时，也可从中看到日本建筑“混血文化”的特征，历经数百年的发展与演变，而融合、创造是其中值得我们要很好去研究的。

日本从倒幕开国兴起西洋文明的文化热潮，传统的日本建筑文化开始转变思想，融进西洋文化艺术的血液与成分，日本列岛四处兴建教堂与茶道文化场所，使日本建筑率先走向开放，走向成功！今天，我们去看日本新建筑，又不能忽视远古时期，日本人向我们祖先——中国古代建筑文化中吸取精华的历史。譬如，古代中国的建筑讲究工艺意匠，房屋顶部有“飞鸟”形状的造型，这种造型建筑技术，曾对古代的日本建筑界影响深远。被称之为“飞鸟”时代。随后，“飞鸟”这种造型的建筑形式，在日本的宫廷、寺院、书院与庙堂的建筑景观中不断出现，成为日本传统景观建筑中经典的组成部分。

1627年，日本的宫廷庭园建筑开始西洋文化运动，引进西欧的一些建筑思想与技术，如“宽永度仙洞御所”景观建筑，其内外造型与构筑形式都融进了西洋建筑思想。在仙洞御所庭园内的展望台，“远目金”使用的望远庭就运用了世界地图作为屏风装饰。在当时，这是较早接受西欧建筑文化影响的建筑之一。

日本古代传统的庭园建筑景观十分崇尚大自然的造园风格，如仙洞御所的“女院御所舞台”、“宽永度仙洞御所”的花坛喷水等造型，均受西欧的建筑思想与技术的影响，在当时称之为“整形式”。

说到日本建筑“混血文化”的特征正是它本身包含的特性，它渗透非常广泛。譬如，著名的“明正院御所”景观建筑，明正大皇于1643年退位时所造，深受西欧建筑思想与设计技术的影响。在广场、花坛等方面体现设计者的大胆设计，以及糅进了西欧的建筑文化与建筑技术，成为日本古代建筑当中的又一经典之作。

这一时期，日本建筑领域有一位人物不能不提，即丰臣秀吉。他是这一时期的杰出代表人物，其建筑思想就代表当时的一种潮流和风格。再加上织田信长、德川家康，他们对于那一时期的建筑以及在古代建筑界的影响在日本都是独树一帜的。15世纪至17世纪以来，日本接受欧洲 “远近透视法”的建筑思想的影响。在设计与布局上，如“桂离宫”建筑，其广场设计的远近透视以及黄金分割法都体现设计师受到欧洲建筑思想的影响，这一创举开启了日本庭园建筑技术的新篇章。

“桂离宫”景观建筑的内外结构设计独特、相互渗透，可谓东西合璧，达到了令人惊叹的艺术效果。广场与庭园设计极具张力，其中的“月见台”是受中国

“月桂”中秋之月的意思设计的。设计者较好地将东西方两种建筑思想与文化结合起来，使建筑富有创造精神。特别在一些细微的地方，如庭园内的灯饰道具设计上，意匠工艺独特, 如木瓜形、十字形的造型手法十分突出，可谓巧夺天工。真正把“桂离宫”景观建筑推至一个极高的艺术境界，达到了完美的艺术效果。

以“龙安寺石庭”为例，其中有西欧建筑风格的特色，但庭园的整体建筑风格、形式是以东方建筑艺术为基础的。如叠石庭园景观崇尚自然形态的山川、湖泊、林木，各种造林、架桥的方式与技术均以传统建筑艺术形式为主。

日本古代书院与寺院的建筑是在江户时代兴起的，其中“醍醐寺三宝院”就是丰臣秀吉时代的代表作。在这些书院与寺院的建筑形式上，日本建筑设计师融合东西方的建筑思想与技术，庭园、花坛道具等饰物，形式上都体现了受东西方文化的影响。“西本愿寺飞云阁”、“南蛮寺”、“慈照寺”、“严岛神社”等日本古代寺院的最大特点，即是突出了东西方两种文化与技术的大碰撞。如广场设计、花坛、石灯笼等设施，均体现出东西方两种建筑文化与技术的结合。

> 在日本当代新建筑强调结构设计。图为颇具特色的建筑室内结构设计

>图为采用铅笔头的造型设计建造的环境装置物在东京随处可见，它的设计特点既实用又极具装饰意味

日本建筑师视线——走近日本建筑师

大师的视线——大师的观点——大师的作品

一座建筑的大堂或走廊的设计，如果完全采取全开放式的设计风格，远比那些封闭没有开放的设计形式要高明得多。譬如剧场、美术馆、博物馆等公共建筑就格外注重建筑物本身与周边环境相呼应的关系。“建筑的文脉”有时是建筑设计师在一瞬间的意念中捕获的。譬如通过看到一块硬币的外形，受其图形的启发会突然产生一种建筑图形的灵感，然后完成一座建筑造型设计。

建筑就像是一张立体的绘画，是由一个诸多因素组合而成的装置物体。建筑本身包含绘画元素，如墙壁上的变化、窗口的开设、大门的设置均有诸多讲究。为此，我们在设计建筑或构造建筑时恰恰不可忽视运用建筑物、空间、绘画之间的美学关系。

不管时代如何变，引进、交流，无所谓地域与国际之分。特别是在全球经济一体化的影响与发展趋势之下，当下时代的发展和全球经济的整体环境，没有理由让我们选择拒绝任何一种优秀文化或技术的引进。

B

在我看来，

对于每一位建筑师的一言、

一段话、一个观点、一次采访都非常精彩，

对于我们似乎都有益。

我将这些整理汇集，提供于读者，希望有鉴于此。

> 该建筑为东京都政府大楼，由建筑大师丹下健三设计建造完成的，建筑呈现多面体结构的外观造型，

安藤忠雄

一位创造新观念的杰出建筑人

他对世界建筑空间上的“窗”有自己独到的理解，
他认为“光”是自然物质的希望所在。
而建筑物上留有的“窗”恰是光源的点睛之笔。
而设计每一座建筑时，若能把“窗”的设计做好，
建筑就有了成功的保证。
他认为，“窗”的文章能否做好，
是一位成熟的设计师匠心独到的反映。

> 图为安藤忠雄设计建造的建筑，设计风格以大壁窗、灰色的水泥墙体形成独特的视觉效果

在我的视线中，首先着重要介绍的是日本著名建筑师安藤忠雄，他设计建造的建筑使我重新认识了日本的新建筑。在日本或亚洲诸国，乃至于世界，提起日本著名的建筑师——安藤忠雄，特别是他创造的“灰色水泥墙体的建筑系列”，厚重而单纯，很多业内人或喜欢以及熟悉建筑的人并不陌生。

安藤忠雄，独特的建筑设计理念是如何产生的呢？让我们走近他，去看看他的成长背景。1941年出生于大阪，后游学于欧洲的青年安藤忠雄，这位将建筑设计视为毕生事业的建筑师，早年就展现出其在建筑艺术上的天赋与才华。他在建筑方面所取得的成就与他年轻时代的表现不无关系。1969年，他从欧洲访问游学归国，从此，在他的建筑艺术思想上启开了一扇新的大门。年轻的安藤回国后很快创建了个人的建筑事务所。大的视野、开放的思想与眼光，使他于1979年获得了“日本建筑学会”的大奖，和1989年的“光教会”大奖。之后他参加了日本首届大阪世博会场馆的设计工作，并获得1992年“世博日本政府馆”的设计奖，同时著有《建筑学》一书。青年建筑师安藤忠雄一路走来，真如一片灿烂风景，景色很美。

不久前，安藤忠雄同日本大学生谈建筑时，他说，坚持在青年时代确立个人价值观，始终是从事或干好任何一项工作最基本的前提和基础。他主张以自身的独立性并结合大学所学的知识作为基础，强调个人与社会的积极关系。他说，尤其是做建筑方面的工作，个人的能力与社会的关系是十分明显的。要做好一个建筑师首先就要具备足够的信心加勇气与能力。在大学时代，各种知识和能力的蓄存与锻炼是非常重要的。特别是信息如此发达的今天，建筑学这门“艺术”必须具备好个人独创能力和潜在的创新意识以及树立好自己独立的价值观，这是走向社会获取成功的保证。同时安藤再一次表示，大学时代是确立自己今后发展方向的一个最关键的时期，大学时期给自己的事业定位目标要准、要高。

安藤在表述个人观点时特别指出，个人的价值观是影响今后事业发展的一个重要因素。如果说大学时代没有确立一个长远发展目标，就很难形成个人的价值观。个人所作所为是为社会服务的，尤其建筑学这门学科是与社会密切相关的学科。身为建筑人，首先要想到自己的所作所为都与社会有着直接关联，每做一项工程都要考虑到它的社会性。安藤忠雄举例介绍了在二战后重建东京时的一些往事。他说，像在东京表参道地区一些建筑遭受1923年关东大地震后，街道建筑一片狼藉，需要重建。如何再现曾经重要的历史性建筑？这关系到一个国家或一座城市历史文化的发展与延续。

作为一个建筑学人或建筑师，对建筑工作的理解，或采取什么样的设计方案，都直接反映了建筑师的一种历史文化眼光与设计思想。为了做好这项设计工作，采用的设计方案有必要同当时的历史文化背景联系起来，结合具体的情况进行整体设计。像这样的实践和实际的工作经历就体现出一种社会关系。这种社会关系表现得十分直接具体，或者说建筑就像是一部社会史，建筑师就是社会人。

社会人就须承担起个人的社会责任，这种责任又直接来自于建筑师设计出来的“作品”是否符合社会的需要，是否能承受得住来自多方面的检验。这就是作为建筑师必须具备的良好的个人素质，包括个人价值观念的形成。

安藤在谈及自己从大阪到东京的经历时，他停顿片刻，接着回忆起当年的情景时，感慨万分，他是多么爱着自己的出生地——大阪这座城市！

1954年，安藤从大阪来到东京，又从东京游学于世界，从而确立了个人的目标。他面对世界的变化，建筑领域不断推陈出新，他意识到个人的价值或能力对社会的贡献是否能释放出来，就要看自己的努力程度了。他不断鞭策自己不能松懈。20世纪60年代中期，安藤忠雄正好赶上日本重建一个新东京的年代。也就是日本在第二次世界大战之后的1964年东京承办奥运会期间，东京作为一个世界繁华大都会举办世界性的体育盛会，再造新东京的建筑计划被列为政府的重要建设项目。这时，东京临海湾附近的一片海滩开

> 图为安藤忠雄设计建造的建筑，可通过通透的大壁窗看到外面的景观与环境，室内外空间和谐统一

始被划作改扩“新东京”的用地。海上建高楼，填海变陆洲成为60年代，即战后东京建设的重要目标。这个时期开始崭露日本经济大国面貌，伴随经济高速度增长，对自然环境的改善也被提上政府工作的议程。

东京皇居、东宫御所、明治神宫、神宫御苑等名所都先后被列入重新修复的计划之中。东京湾的填海变陆地的计划迅速地行动起来，未来新东京的格局也以东京海湾为主要发展区域之一。随后新的巨大建筑工程开始实施，综合性的各种大楼如雨后春笋般地耸立起来了。作为建筑师，安藤忠雄心潮起伏，他想若能抓住这个时机，使自己的能力得到极好的释放与发展，这正是自己期盼的目标！安藤忠雄恰好抓住了这个时机，他设计建造起来的一批又一批建筑设计作品先后获得了各种奖项。他成功了！

正是在这种个人与社会关系密不可分的理想境界之下，安藤忠雄实践了自己的个人目标，使他在日本建筑设计界独树一帜，成为个性鲜明的设计师。尤其是他在建筑领域所提出的鲜明观点，对世界建筑界均做出了贡献。在建筑与文化相继传承的关系上，他对建筑空间上的“开口”有自己独到的理解。他认为“光”是自然物质的希望所在，而建筑物上留有的“窗”恰是光源的点睛之笔。在设计每一座建筑时，若能把“窗”的设计做好，建筑就有了成功的保证。他认为,“窗”的文章能否做好，是一位成熟的设计师匠心独到的反映。在文化层面上讲，譬如一些美术馆、博物馆这一类的建筑就要在窗的“开口”上下大功夫。这种文化设施的建筑是与当今社会潮流的发展或不断更新的观念相吻合的。

多年以来，我对日本的建筑设计师格外关注，尤其对安藤忠雄。他对西方人的建筑美学思想领悟深刻，特别是西方人与东方人在建筑设计中，对使用材料观念的差异。他说，西方人以坚固、耐久性的钢铁、石质材料作为建筑的主要用材，而东方人则以木质材料来构造建筑。这种观念上的差异，也对青年时代游学于欧洲的安藤忠雄是一种启发。当时，他在欧洲看到了西方坚固的美术馆、教会礼堂、政府会议厅等建筑，这些坚不可摧的石质和钢铁建筑，无疑在安藤忠雄的建筑思想中烙下了很深的印记。

安藤忠雄对建筑中所采用的现代材料，他解释为这是现代技术革命的体现。他又说，也是当代人价值观念的体现。钢铁材料混合其他材料在建筑中的运用愈来愈被重视起来。这说明现代人的价值观得到了释放，也更看重建筑的材质，更注重建筑的形式了。同时，体现了当代人的全新物质观与美学情趣，这是符合当代人的审美意趣的体现。这种重视是对材料、技术、设计的一种重新的审视与认识。尤其在现代建筑领域高新技术的诞生，高难度的设计方案的投入使用也无形之中对建筑领域提出了新的课题。譬如一些新、奇、特、异的建筑设计方案像世界性的体育场馆、机场以及各种公共服务设施场所的建筑，都是对设计师或建筑师的一种极为严格的挑战！如何面对这样的挑战，又怎样将新奇的建筑材质发挥好，始终是摆在建筑界或建筑人面前需共同研究面对的课题！

安藤忠雄多次在同建筑师交流时，对美国同日本在建筑领域的差异进行了对比，他引证指出了这种差异是观念、操作上的差异。如美国建筑施工是以现场实地测试施工进行灵活改进，根据实际中增减建筑用材。而日本在20世纪六七十年代的建筑发展过程中，施工的方案都是在施工之前全部设计完成的。而实际上，在施工现场会碰到一些实地需要解决的问题。在这种启发下，安藤忠雄建议日本建筑界的同仁也可以机动灵活去掌握，并要多向他国的同行取经，借鉴他们的经验。

安藤先生的一席话让人颇受启发，我们设计建筑或建造建筑，都是在不断向世界一些优秀的、经典的借鉴学习，又不断在完善自己。

就日本的建筑设计，像安藤忠雄这样的设计大师，我们要重新认识他、了解他，把他当成一种建筑设计文化现象—— 一位设计师的境界、眼光、胸怀。

可以说，像安藤忠雄这样的大师现象，在我们国家的建筑设计师当中，实在太少了！在一个新的世纪，一个新的时代，建筑领域正面临着对新的建筑材料的挑战。这种挑战也是对建筑设计人或与建筑相关领域的同仁的挑战！观念上的挑战是非常痛苦的事情，建筑是属于社会的，因此建筑也是一种社会学。社会学就与人密切相关，我们做建筑就得考虑人与社会的观念、文化背景、社会环境以及时代精神相吻合。

丹下健三

一位时代精神的“多面体巨人”

言及建筑以多面体形式的设计，
丹下健三表示，
在早期欧洲的一些建筑如“哥特式”，
古罗马、意大利、法国、英国、荷兰、西班牙等国家的
建筑中也有采取多面体造型结构的建筑。
只不过在欧洲的古建筑中，
那种厚实又坚固的石质墙体壁面同当今的现代建材在技术、构造、
视觉上都会存在很大的不同。
如何找到这两者之间的结合点，
如果将西方的精髓较好地融合于自己的设计之中，
并充分发挥出个人的艺术想象使建筑更富于个性化，这就是一种成功！

> 图为东京都厅舍，由丹下健三设计建造的多面体建筑

在日本，有一位被称之为创造当代新建筑“多面体巨人”的设计大师——丹下健三。可以说，是他创造了日本建筑神话与奇迹，并使他成为了日本建筑里程碑上的杰出代表。在这位大师重要的作品中，特别是由他亲手设计建造的重大新建筑，有东京新宿都厅舍（1994年完成），富士电视台本社大楼（1991~1996年完成），东京赤坂希尔顿新宿酒店，大阪世博会纪念广场（1970年完成），国立代代木体育馆（1964年完成）等影响与改写当代日本建筑历史的主要作品。丹下健三是日本建筑界当中的一位精神代表，是建筑界的超人！

久居日本的我，对丹下健三先生产生了极大的兴趣，尤其是他的“多面体”建筑，其中有的重要建筑，我很多次走近过它，触摸它的灵魂，感触它生命的跳动。对于其中一些著名建筑，我进行过多次拍摄，力求寻找到最佳的画面。每一次，我都会为这些“建筑灵魂”所震撼！是这些颇具时代气息、时代脉搏与生命精神的新建筑令我感动！

我做了多年的绘画艺术创作，对于造型别致的建筑艺术有着一种特有的敏感。我喜欢建筑，更喜欢有创意、有时代气息与时代精神的令人感动、富于生命力的新景观建筑。丹下健三先生所创造的新建筑艺术恰好正是这一类！

丹下健三设计的新建筑中，能使人从建筑本身感悟到一种令人震撼的视觉力量美。这种视觉美与视觉力量美体现于建筑的外观造型与建筑的结构构造形式、设计艺术的独特语言中。他将建筑的构造简化提炼成方块直线，构成多面形状，在内外的结构上有变化，高层建筑有如竹竿拔地而起，由底层直冲蓝天。又运用现代高端建筑技术加现代建材组合,穿插一些圆柱、弧形、方形体结构的造型，呈弧形、尖顶或斜尖顶状向四个方向延伸，以形成建筑的造型变化，突出高层新建筑在外观视觉上的冲击与视觉力量美。

特别是在地震多发的日本，要设计建造完成一座超高的多面体的建筑，在施工上、建造过程中其技术难度大，但是，越是这样高难度的工程就越能更高地要求设计师的水平和能力，因为设计方案要在实际的工程项目中得到完美的体现，

> 图为丹下健三设计建造的多面体建筑的局部

这本身就是对建筑师的一种重大的考验。首先要求设计者对工程的细微之处进行周密的测定与设计，这对于任何一位建筑师都是一个极其高难度的技术考验！

我发现，丹下健三设计建造的一座又一座多面体的新建筑，从视觉造型上，它富于变化，形式感十分突出，具有抽象的色彩及时代的气息，给人以强烈的视觉冲击力。有时，我思考大师们的超奇的想象与创造力，在建筑的构造中，尤其是在超高层的建筑中，多面体的设计与构造需要高难度的技术、高难度的工艺，这是对建筑设计师极具挑战性的设计，也是对建筑技术领域的挑战。

我们看丹下健三所创造的新建筑，“多面体”依靠直线、直角、多面的变幻组合成多面体结构的建筑，无论从俯视、平视，或是多个角度去欣赏它，它都像是一个经久耐看的“立体艺术品”，一个极富有装饰意味的多面体建筑组合。

让我们走近大师，细读他的一系列重大的新建筑。如东京国立代代木体育馆，作为迎接1964年东京奥运会标志性的建筑项目，整座体育馆的建筑顶端是以木瓜形状构成的，又像吊起的一叶风筝，颇有视觉艺术感染力。细观东京国立代代木体育馆，它以吊拉式的结构，运用钢结构牵拉的构造方式将整座建筑吊在空中，这种设计在当时是堪称一绝的！这一工程也恰好成就了丹下健三的早期设计阶段的完成。建筑设计的最大特点，是通过设计师在心理上的重大突破而构思的。早在20世纪60年代，日本建筑界采用这种超越时代、超越时空与想像力的建筑构造是需要设计师大胆的想像力的，丹下健三做得非常的成功！

在20世纪80年代中期，日本经济进入了一个鼎盛巅峰的黄金年代，这一高速经济发展时期带给了日本建筑界一个巨大的发展机遇，一个极有成就、有作为、有创造性的建筑师的时代！首都东京在新一轮的建设发展中，有了再造一个新东京的计划，一个史上最大规模的发展蓝图。一个巨大的建筑设计工程摆在了建筑师们面前，很多参赛者都将自己精心设计的作品送进东京建设规划事务所参与竞标。

当时，有九家建筑设计事务所被指名参加竞标。在九家难分高低的送样作品上，唯独丹下健三的多面体的设计形式和风格更胜出一筹，最终敲定了他的设计艺术方案。这也成就了丹下健三成为日本建筑史上“多面体巨人”美誉的开始。

从丹下健三接受多次被访的谈话笔录中，我留意到这位出身于战乱年代并接受过日本传统模式文化教育的建筑师，他能以一位建筑师开放的思维放眼于世界，从先进的文明大国、发达的欧洲建筑文化之中汲取养分，后来在实践中，他不断吸收又不断完善自己，以开放的思想、开放的眼光去看世界，看待自己和自己的建筑设计。他设计完成的新建筑作品就是一个最好的证明。

我发现在他的设计事务所，一份又一份来自国际间的各类订单，丹下健三的团队，对于每一个从海外来的建筑设计项目与设计工程，他们都会赋予一个全新的思维去对待，其目的，他们认为国际间的合作需要大家共同遵守！

通过丹下健三许多经典之作，我们看到的是一位设计大师的眼光与设计风格。从20世纪60年代的东京代代木体育场到80年代末的东京都厅大厦，相隔20余年间，丹下健三创造了很多建筑设计工程，他把设计眼光投向了大世界。譬如有东京湾的富士电视台主体大楼、大阪世博会主会场、香川县厅舍、东京赤坂希尔顿饭店等重要的建筑设计项目，这些建筑均体现了丹下健三多面体的设计思想以及独特的艺术性。像丹下健三这样的大师的出现，不仅影响着日本建筑界，而且也震动了世界的建筑界。丹下健三是独树一帜的！

言及建筑以多面体形式的设计，丹下健三再次表示，在早期欧洲的一些建筑如“哥特式”，古罗马、意大利、法国、英国、荷兰、西班牙等国家的建筑中也有采取多面体的造型结构的建筑。只不过在欧洲的古建筑中，那种厚实又坚固的石质墙体壁面，同当今的现代建材在技术构造、视觉上都会存在很大的不同。如何找到这两者之间的结合点，丹下健三进行过多次探索与努力。在丹下健三看来，在多面体的现代建筑中，如果将西方的精髓较好地融合于自己的设计之中，并充分发挥

> 日本当代新建筑的设计中，强调建筑的结构设计（图为颇具特色的建筑室内结构设计）

出个人的艺术想像力使建筑更富于个性化，这就是一种成功！

丹下健三非常难得，也是非常独到的。我们从丹下健三创造性地设计建造的一些重大的新建筑中，领略到的是超前的意识，超前的观点。这种独特与个性相交织的多面体结构的新建筑，使我们感受到的是建筑本身的魅力，也从中获得一种力量的美感。这种新建筑形式，正好体现了丹下健三的建筑设计的艺术价值。丹下健三是日本建筑界一位非常优秀的设计大师，由他主持设计的日本本土颇具影响的建筑项目很多，同时也涉猎他国多项建筑设计工程，并著有多部专著，他对日本乃至世界建筑领域都具有相当大的贡献。

譬如早年CHAHTEAU'S ART的美术馆、大东亚建设纪念营造计划、曼谷日本文化会馆计划、都市复兴展览会、广岛平和会馆原爆纪念陈列馆、日本贸易产业博览会第二生产馆、东京都厅舍、津田塾大学图书馆、日美抽象美术馆、日南市文化中心、香川县立体育馆、电通本社大厦、日本万国博览会、纽约体育中心，以及阿尔及利亚、墨西哥、诺福克岛等北欧、非洲国家和地区的著名国际机场、美术馆、博物馆、会议中心、体育场馆、宾馆酒店、宫殿等重大的建筑工程设计项目，这些高难度、高水平、极富创造性的建筑是丹下健三及其设计团队的智慧结晶。

林昌二

“建筑设计”是我一生追求快乐的方式

在林昌二的一些建筑设计中，
看到的是一种有坚固、厚重，有威力的景观建筑！
是一种视觉力量的“大餐”，一种力量美的养眼体验。
读他的建筑又像在读他的性格和精神世界。
读出了他孕育催生出来的“新生命”。
从造型视觉形式上，他选择了直线、直角组成的火柴盒式的景观构造建筑。
从外观上看，
建筑造型错落有致，
简药的外墙和复合的内部变化别具特色，
给人以强烈的视觉冲击力。

> 透过一幢又一幢超高层的建筑群，仍然让人领略到当代日本新建筑的新材料、新技术的发展。将环保、节能以及人类居住、办公、休闲、购物、交通等功能融为一体（图为东京都厅周边新建筑群）

在日本建筑设计界，像林昌二这样已届80高龄的设计师并不少见。在我的接触中，了解到他把工作与设计视作一种享受与追求快乐的方式。他幽默地笑着说：每当我完成一件设计方案时，都会感到这是神的降临，是心灵与精神的归宿。我以为，这是一种超乎于普通人追求名利的极高远的心灵境界！

这对一位年事已高的建筑师来说，事业、工作与生活进入到一个极乐世界，被视作是一种超越物质、超越名利及精神境界的心灵归宿，也是人生最高心灵境界中的一个奇迹！的确，像有如此精神境界的设计师并不多见。

后来我了解到，他是在战乱年代出生的日本人，像这一代人的孩提时代感受到的是战火硝烟的弥漫，又经历过日本发动的“珍珠港”、“满洲国”以及“太平洋战争”，亲眼目睹了美国对日本的大空袭，以及事后给各国人民造成的惨痛的灾难！一个又一个悲惨的场面与记忆都深深烙

> 由建筑师林昌二设计建造的、位于银座大街的圆形建筑

在那一代人的记忆里，难以抹去……

作为建筑人，建筑与战争常常是两个矛盾体。战争带给人间的是灾难，像林昌二这代人感受和经历的事情的确太多，因此他们深深懂得和平世界的珍贵！林昌二认为，一生中之所以选择了做建筑设计工作，是因为从小耳濡目染受家庭的影响。少年时期对飞机、房子的设计产生了极大的兴趣，中学时代就与友人合作设计过飞机，之后进入航空学校学习。由于亲身经历过20世纪30年代到40年代漫长的战争年代，他深切明白“战争狂人”带给一个国家、一个民族的最终的结果是什么。

林昌二说，他有时闭上眼睛，眼前很快会出现1945年的东京大轰炸，完好的建筑、学校、家园炸成一片废墟。在他的回忆中，他甚至不愿意提及这段往事，但又不得不去面对、重温这段历史。作为一位从事建筑的职业人，他表示，对于日本历史上那些记忆深刻、让人刻骨铭心的建筑在战争年代被轰炸、烧成焦黑的惨状，像对当时正处少年的林昌二这代人而言感触最深。

在第二次世界大战后的几十年中，林昌二参加过许多战后复兴的重大建筑设计项目，看到和平年代带给日本许多发展机会。东京的重建、复兴，使日本人再次看到了希望！作为建筑人的他似乎更加明白，设计是一项工作，更是一种不平凡的职业。经历过这么多的人间苦难和沧桑，他已逐渐明白，人应远离那种狂热的、物欲横流的世界，应该回归到平凡的、实际的工作中。把工作当成一种事业追求以及个人境界的提升。世间不能有战争，建筑更怕战火。

在大师的眼里，历经战火硝烟成长起来的林昌二对建筑本身怀着一种特殊的感情，他视自己亲手设计建造的建筑如“亲儿子”一般。对于建筑设计这项令他感到最快乐的工作，林昌二已从职业升华成一种极高的理想境界。他说，“每当我完成一项设计项目，如同进到一个极乐的世界，感觉自己成了最快乐最幸福的人。”

我翻阅了林昌二大师近50年来的建筑设计记载，其建筑项目颇丰，并著有多部专著与论文。如有“日本IBM本社”（1971年）、“冲绳海洋博览会住友馆”（1975年）、“伊藤忠本社大楼”（1980年）、“大阪世博会馆”（1970年）、“丰田东京大厦”（1982年）、“三井住友海上大厦”（1984年）等重大的建筑设计项目。

像这样一位建筑师，他一生中最大的快乐莫过于设计并建造完成一座座建筑，使建筑成为和平与美好的象征。因此，林昌二视设计为一生中最愉悦的工作，甚至把设计当作进入极乐精神世界的一种极佳的享受方式。

其实，我也接触过不少建筑设计师，对于他们的工作多少有些了解。设计工作实际上是一项非常严格、要求认真、不得马虎的细活。尤其对于细节、数据必须是百分之百的精确。大师林昌二在几十年的设计生涯中，将这项工作磨砺到如此高的熟练程度，并进入到这么高的境界，可见其对建筑的深爱程度。

在20世纪50~90年代，日本建筑界经历了从废墟之中起步、发展、复修、改造、引进、发展到创新、创造的过程。林昌二正好处在这样一个多变时代里，他的设计思想、风格、视野也随之发生了很大的变化。对于建筑设计这项职业，他悟出是一种超乎物质、进入精神境界的全新过程。从设计方案的酝酿到成型、再到最终建造完成，就像孕育一个“新生命”一样，凝结着建筑师和建造者全部的心血与努力！

在废墟中改造建设城市，修复古迹重建民宅，虽然对日本建筑设计者来说是一个极为痛苦的时期，但也是日本建筑界对城市改造与技术引进的过程。在一切建筑兴起与修复的过程中，世界先进的技术、经验、模式都成为这一时期催生发展的极好机缘。林昌二最先工作的“日建设计事务所”成为他历练人生价值的开始，也是他阅读世界建筑的最好视窗。他从世界中读建筑，又从建筑设计实践之中领略世界，历经几十年的实践与锻炼，他读出了人生的真谛——极乐世界的精神归宿。

在50年的设计工作中，林昌二通过看建筑、读建筑，设计催生出一个又一个“新的孩子”。他把自己从事的建筑设计工作视为是精神境界、心灵与智慧认识的结合。这一时期，林昌二把设计视作是一种在心灵与心智之间的游走，实践着自己认知的想法和创举。林昌二历经许多重要的设计项目与实践，对于建筑的理解，他有着自己独特的认知。特别是像箱根雕刻之森美术馆、伊藤忠本社大楼、冲绳海洋博览会住友馆、三井物产本社大厦、日本IBM本社等主要体现建筑设计能力的重要作品，是他个人能力的磨炼以及思想艺术境界升华的心路历程。

林昌二把50年的设计生涯分为“20代”（即自己20几岁的年纪的设计作品）、“30代”（即自己30几岁的年纪之中完成的设计项目）等五个阶段。从“20代”到“60代”这四五十年间，他对自己的设计作品有一个客观的评价与回顾。

从林昌二的建筑中，我看到的是一种坚固、厚重，有威力的景观！他的建筑给人一种视觉和力量的享受，一种美的体验。

看他的建筑就像在读他的性格和精神世界。我读出了由他“孕”育催生出来的“新生命”。从造型视觉形式上看，他选择了直线、直角组成的火柴盒式的构造建筑。从外观上看，简约的外墙、复合的内部构造别具特色。建筑造型错落有致，建筑景观给人以很强的视觉冲击力。

进入20世纪80年代，已是50多岁的林昌二，正好赶上日本建筑业发展的“黄金时代”，他参与了“大阪世博会”的设计方案，并在建筑大师丹下健三直接指导之下完成。80年代，是日本建筑最具有代表性的一个发展的年代，海外“订单”接踵而至，使得林昌二有机会真正实践自己更多的建筑设计梦。如“韩国国际贸易中心”（1988年）、“中国国际贸易中心”（1990年）以及本国一些重大的建筑设计项目。在参与设计“中国国际贸易中心”这个设计方案时，他随美国一家设计事务所的工作人员一道来到中国北京，为突出当年中国流行的“中国风”，在设计中，他有意识地穿插半弓形的景观造型，将主大楼设计成弓形体状，使之有在空中舞动飘起之感，旨意“飘逸”突出了中国的精神意图。

藤森照信

一位别出心裁的“另类建筑人”

他把建筑当作油画布上的独特的画面，色块抽象简单，黑与白的“素描”，灰色的单色线与面，建筑就像卡通童话梦幻的世界，似乎世间的一切都像原生态。原始、野蛮、宁静，没有污染的、山川丘陵的自然生态就像画中的世界。藤森照信把建筑设计、用材，简单抽象得如同几何形体。

> 图为藤森照信设计建造的建筑。设计风格以个人的意念创作的装置建筑，给人较强的视觉冲击力

有一位建筑师被日本建筑界称之为“建筑的另类”，他设计建造的系列建筑作品，与其说是建筑，还不如说是装置艺术建筑！其建筑形式别出心裁，运用铁艺材质的铁皮组合而成的墙面和实木建筑，构架的室内与空间，有悬空架在树枝之间的茶室，也有建造于林间之“密”室，还有山川丘陵畔的奇异的美术馆、学校、民居等独特的建筑形式。这种建筑风格的出现，使他在日本建筑界成了别出心裁的另类建筑人。

藤森照信采取这种建筑艺术形式，主要目的是实践他的建筑艺术思想。他曾在阐述个人的建筑思想与观念时说，20世纪是科学技术发展鼎盛的时代，譬如数学的线与面的抽象形式，几何学的造型方式都应较好地被运用到建筑设计中。这种方式也把日本建筑界推向一个极端的高度，如现代的、新奇的、先古传统的、前卫创新的建筑形式都在

> 图为藤森照信的适应性设计建造的建筑

这个时代涌现出来了。

在藤森照信的手稿中，我们依然能够清晰地看到这位出身于田野乡村的建筑师，对自己生长的山川乡野的依恋之情。他的建筑作品多以这些民居建筑为主。以山川丘陵作为建筑的大舞台、大环境。又如建造于山川乡野之间的民舍、茶室，均以这一类建筑形式实践着建筑师心中的建筑梦。

透过藤森的建筑设计作品，不难发现他独特的情感与生活经历。他生于日本战乱年代，长于新的建设时期，研究生毕业后，藤森几乎倾注了20年的时间投身于日本近代建筑史的研究之中。他对日本近代建筑历史的变迁、发展是有着切身体会的。

在20世纪80年代初，受西洋建筑思潮的影响，由传统型观念转变成当代的观念，日本的建造形式不拘一格。在建筑形式上，由传统的木结构建筑技术向用铁艺石材、混凝土钢结构的建筑形式过渡。这一巨大的技术变革，也促使日本建筑领域向一个多元化的时代转变，有力地推动了日本建筑事业的发展。

面对藤森照信的“建筑作品”，我在思考，像藤森的建筑设计风格，似乎是以现代的观念去诠释远古，甚至与原始和“野蛮”建筑相似。细品藤森的作品时，不禁发出几番的感慨，他独特的建筑设计形式，另类的建筑思想是否与他所经历的年代或出生的环境有关？为什么在藤森照信的设计思想中出现了如此浓厚的原生态色彩，远古和原始的情趣为何如此强烈？

我在藤森照信的《东京计划2107年》的未来设计图画上，读出了未来100年的建筑形态，就像我们在少儿童话书上才能看到的那种梦幻般的样子。难道未来的世界真的就像藤森设计的这种情形、这样的建筑么？像卡通电影里的童话世界，玩具一样的造型，白色抽象的古堡建筑，在原生态的绿山丘陵之间，似乎世界的一切都很静，没有污染，少了喧闹，景色是那样的宁静。

藤森照信设计建造的建筑，大部分都在山林之间完成。一个简约的亭阁，一处茶楼，如在“养老昆虫馆”、“温泉馆”、“美术馆”、“神长官守矢史料馆”等建筑中，我看到这位建筑师的另类风格。他的设计与选材和大多数建筑不同，他选择运用远古、接近原生态的造物抒情的方式方法设计建造他独特的建筑。一些不引人注意的、极其普通的材料却能较好地用在他的建筑中，显得别有一番情趣和形态。或许这就是藤森照信的建筑风格！是他的设计艺术形式打动了我。他的建筑大多数是与森林、丘陵做伴，选取那样的地段环境完成他的建筑实践，成为日本建筑界另一道引人注目的“风景”。藤森照信的出现，甚至说“藤森照信的建筑现象”包括他的“系列山森野蛮”的建筑成为大众探讨的话题。

藤森照信实践着他的建筑设计观念，造型简易、抽象，有的建筑是在树枝之间构建完成。他运用这种奇特的、别出心裁的方法，设计并实践着他自己的构想，藤森做得非常突出。他的原始野蛮的系列作品，也反映了一个普遍的问题，一切出自创作者内心深处的真情表述都是作者对世界、人间、生态的形象描述，是对景物，人与情的一种独特的表达方式。

他把建筑做成像油画布上独特的画面，抽象简单的色块，黑与白的“素描”，灰色的单色线与面，建筑也就像卡通童话梦幻的世界，似乎世间一切都回到原生状态。原始、野蛮、宁静，没有污染，没有喧闹，山川丘陵自然生态就像画中的世界。藤森照信的建筑设计、用材，简单抽象得如同几何物。在他设计完成的民居建筑、茶室或是森林美术馆、温泉馆、昆虫资料馆等建筑，其设计与建造所运用的材料极其简易，如同泥土的色彩的墙体，抽象单一的造型，窗门过道屋顶的构筑没有太多的现代符号，却仍然能够看到现代的意味。尽管造型简易抽象，但是连野蛮的生态物象都能感觉得到这种建筑样式的独特性原汁原味的艺术，装置组合与建筑回归自然原生态创意的实现。

在藤森的建筑世界中，我看到了建筑师心灵的静化以及真实的回归原始的心态。藤森的建筑其实非常大胆！细观藤森的建筑，这些建筑主要建在远离市区的山林之间，将建筑与山川作伴、与自然对话，这似乎又是一种超脱，一种净化了的心灵的解脱与释放。藤森的建筑看似野蛮、原始，其实非常前卫与现代。他运用极端的现代形式，极为简约的构造方式和材料工具，用奇特的艺术思维与抽象的造型空间实现了他的建筑实践。

在藤森的设计视线中，我们看到他把木材加工制作成非常富有变化的形状，譬如室内的各种构架、柱子、门、窗以及道具，都形成有形有物的艺术品。在世界上众多奇异的建筑作品中，像藤森如此地做建筑实为罕见。藤森照信鲜明指出，日本建筑于20世纪中期由工业革命过渡至一个材料与技术的发展时期，而在70年代至80年代中，日本建筑技术迈上了一个历史性的里程碑，工业革命加速推动了这项技术革命。在建筑材料革新的过程中，日本的建筑领域不断研发与推进着这项先端的技术革命，铁质的建材、采光通透的玻璃墙体。以及结合革新技术研发推出的各种综合利用的“混合材料”，也在新的建筑施工中发挥着良好的功效，成为了一个崭新的“亮点”。

我们不能否认，随着产业技术和工业水平的不断提高，建筑领域在诸多方面演绎了一场惊人的技术革命。从现代技术、材料、环境、节能等多个方面展开了全方位的技术革命。机械化作业、各种高品质精良的建筑材料的投入使用，大大丰富和提高了建筑施工的效率,也对建筑技术层面提出了极高的要求，在施工现场，工业机械化的作业方式，有力地促进了施工进程及信息和商业化的运作向多元化的转变。

在藤森的建筑中，使用的材料值得我们去细观。他运用得最多的材料是土、木、石，这些极其简易的建材主要是针对设计的建筑而特别研制出来的。譬如他所用的土，是一种非常坚固，具有耐热、耐湿、抗震、散热、隔热等诸多功能的特质土。

藤森照信的一些素描草图极具绘画性。他是一位优秀的建筑师，也是一位出色的艺术家。他的建筑是艺术，是观赏价值非常高的艺术！他的建筑是一座博物馆，一座极具收藏、研究、观摩的博物馆。

看藤森的建筑有如欣赏一件百看而不厌的艺术作品，他设计建造的建筑值得人们去研究。

> 图为藤森照信设计建造的建筑

高桥靗一

一位建筑构造的“灵魂工程师”

在他设计的建筑壁面构造中，
灰色的水泥墙体十分抢眼。
简约的几何图形，好像山坡丘陵上的梯田。
从内部的构造去看高桥的建筑造型，
有的像风筝的装置、螺丝形的塔楼、积木玩具的组合，
古帆船的升展透着十足的创意、灵感、智慧。
当然，建筑设计师的“建筑装置”，
不同于艺术家那种仅为抽象物象中的“感动视觉”。
建筑的功能首先是服务与实用的载体，
建造什么样的一座建筑，
除了视觉上的满足，还须具有实用的价值与功能。

> 东京国际展中心建筑突出了时代气息，整座建筑的外观造型呈斗方形，与圆体柱石、长形走廊构成了新东京海湾一道建筑风景

翻开设计师高桥的设计履历，我发现，他参与的日本建筑工程项目有很多获奖作品。譬如1971年佐贺县立博物馆项目的“日本建筑学会作品赏”、1975年的“电建筑赏”以及2002年的群马县立馆林美术馆“建筑业协会赏”等16项重大奖项。

就是这位出身于战火年代的高桥靗一，他生在中国青岛，于1937年回到日本。那年他才13岁。在高桥靗一的“第一工房”，又称“建筑事务所”，我看到了日本一代建筑设计师的职业生涯，作为一位建筑构造的“灵魂工程师”，高桥靗一，对建筑设计倾注了心力、投入了炽热的感情。

在高桥靗一的建筑世界里，我看到的建筑景观是粗壮的柱子、有形的物体，有方、圆、菱形的形状，在他设计建造的建筑壁面中，灰色水泥墙体十分抢眼。简约的几何图形，好像山坡丘陵上的梯田。从建筑的外观细看高桥的建筑造型设计，有的像风筝的装置，有的像螺丝形的塔楼或者积木玩具的组合，更有的像古帆船的伸展，透着十足的创意、灵感、智慧。

当然，建筑师的“建筑装置”，不是艺术家那种仅为抽象物象中的“感动视觉”。建筑的功能首先是服务与实用的载体，建造什么样的一座建筑形式，除了视觉上的满足，还须具有实用的价值与功能。

高桥靗一的建筑设计，特别是一些重大的建筑项目，恰好产生于20世纪60年代末至70年代初日本正处于高速经济发展的鼎盛时期。到了80年代以后，在高桥

> 高桥设计的"群马县立馆林美术馆"，在设计上有意识地将美术馆建筑与周边的广场环境连在一起，增强观赏者视角空间的想象力，加强建筑的整体效果

设计的作品中，看到质的飞跃过程。在建筑造型方面尤为明显！有形式感，时代性，且更具创意性。建筑造型除了在实用的功能形式，创意上的新奇更是这一阶段的重点。譬如，设计建造完成于80年代中后期的一些建筑项目——东京电力馆、国际科学技术博览会迎宾馆、蒲田市民体育馆、府中市立综合体育馆、全劳济信息中心等建筑。

这一时期的建筑设计项目，较好地体现出高桥靗一的建筑设计进入到创意与创新的阶段。

高桥个人认为，这是他建筑艺术生命中的黄金阶段。这一时期，高桥对建筑设计的创意特别重视，尤其是建筑外观构造形式的表现以及材料的运用、建筑技术的施工等方面都进行深入的探索取得了成效。

说高桥靗一后期的建筑设计作品是艺术家手中的“装置艺术”一点也不奇怪，欣

> 东京湾聚集了东京最具现代气息的建筑

赏高桥设计建造的建筑，从远或高处看都像弯曲变幻的梯田、堆积起的“方块城堡”，十分形象，也十分贴切。应该说，高桥在建筑设计水平的质的飞跃，是建筑师对建筑物象与造型世界的理解，进入到了一个崭新的高度。

如果说，时间与实践是验证建筑师成功的标志，那么高桥靗一正是通过多年建筑设计的实践，不断从中提升自己对物象、建筑构造以及周围环境等相互的关系的理解，使建筑设计变得更为简约、抽象。这种简易与抽象需要的是建筑设计人的悟性与艺术技巧的提升，也是设计者思想与境界的升华。在高桥的工作室中，我看到他主持设计的一些方案，诸如“岛县产业会馆设计竞技案”、“静冈县西部地域新大学指名设计竞技案”、“东京造型大学指名设计竞技案”、“爱知县新文化会馆设计竞技佳作案”等，亦可从中体味到他对建筑物象的简易处理是经过时间与实践锤炼的结果。如果没有这种思想与艺术境界的不断升华，可以说，这种简易与抽象是不易做得到的。

许多世界的建筑设计大师恐怕也是如此。对于建筑这个大的视觉艺术，如果将缤纷繁琐的物象与造型变（或提升）为简易与抽象的几何体造型建筑，对任何一项造型艺术作品而言都非常之难，何况是一座立体、实用、坚固、抗击各种自然灾害侵袭的现代建筑。

要在施工中完成这种简约与抽象的建筑，技术工程特别是材料的运用、综合技术的发挥都会为建筑施工人提出严峻挑战。但也正是这样的难关，成就了建筑师和技术施工者在实践中的成长，并造就了像高桥靗一这样的建筑设计大师!

> 图为由丹下健三设计建造的富士电视台大楼

伊东丰雄

“开口”是建筑物的“眼睛”

一座建筑的大堂或走廊的设计，
如果采取全开放式的设计风格，会远比那些封闭、
没有开放的设计形式要高明得多。
譬如剧场、美术馆、博物馆等公共建筑，
就格外注重建筑物
本身与周边环境相呼应的关系。

> 日本建筑界采用开放的大壁窗，通透的设计理念构造建筑成为当下的一种潮流（图为一处建筑开放的大壁窗以及大楼前的装置雕塑）

"一位成熟型的建筑师在做建筑设计时，他的思维一定非常开阔，眼光也会放得很远"。这是日本建筑师伊东丰雄对成功建筑师的理解与评价！伊东以自身设计工作的经验而总结得出：建筑设计应与周边环境的关系相联系。他认为，一座建筑的大堂或走廊的设计，如果采取全开放式的设计风格，会远比那些封闭、没有开放的设计形式要高明得多。譬如剧场、美术馆、博物馆等公共建筑就格外注重建筑物本身与周边环境相呼应的关系。

建筑设计大师伊东丰雄十分形象地比喻：在这类建筑设计上，室内空间与回音的因素都如同画作上的妙笔！建筑的"开口"即建筑物的"窗口"，这个窗口又称建筑物的"眼睛"。窗口连接室外的周边环境、景物，是建筑设计中不可忽略的重要之处。在伊东看来，公共建筑如美术馆、博物馆、体育馆等重大的文化建筑项目，设计师们都会极其重视对建筑窗口的设计。像日本重要的美术馆、博物馆或体育馆的建设就吸取了西欧建筑风格与技术，采取明亮、开放、大空间的建筑设计，在视觉上有敞亮、扩张之感，突显设计师的大胆与建筑的大器！

伊东精辟的论述，概括了当代建筑界以开放的姿态、放眼世界的眼光看待新建筑的观点。也就是说，对一座现代新建筑景观的设计，有时是根据建筑物本身的功效与特性要求来考虑的。

像图书馆这类公共建筑，应更多考虑人的生理因素，阅览室要通过读者座席与空间的合理分布来体现；美术馆或博物馆则主要从观众对展品鉴赏的角度出发，更多要求从突出展品的效果去考虑建筑的空间与墙面的关系；而体育场馆则是从观众视觉的心理需要出发，空间要明亮、开放，从场馆的空间、开口处的变化、坐席位置的设计去考虑，是在设计过程中不能忽视的重要环节。

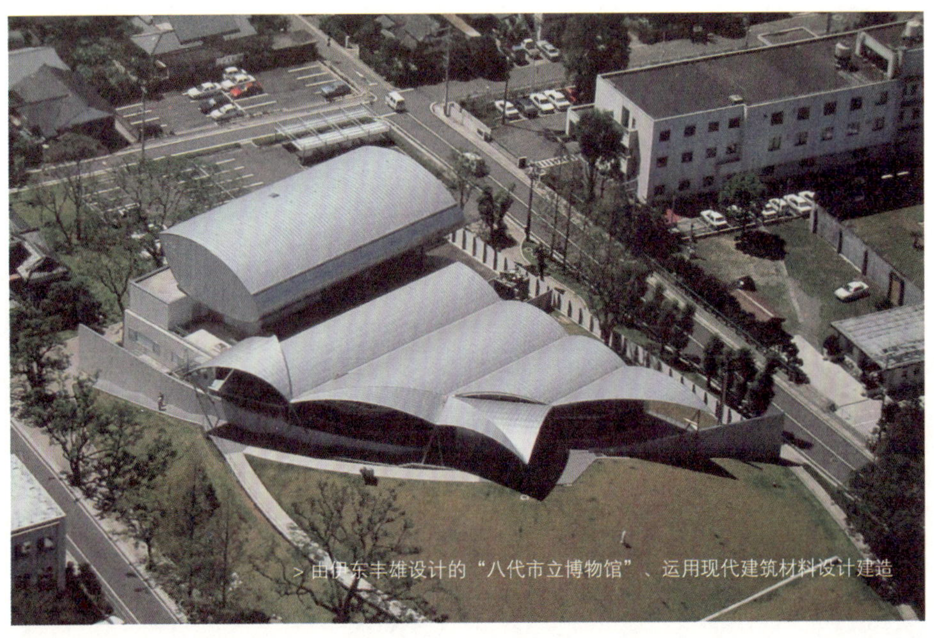

> 由伊东丰雄设计的“八代市立博物馆”、运用现代建筑材料设计建造

内井昭藏

建筑“客观与抽象”现象

一位建筑师在完成他们设计的图纸之前，
他们要面对的是人间物象、
构造景观建筑、
环境关系、天文地理等诸多因素。
建筑师对此须了如指掌，
才能胸有成竹，下笔如有神。

> 在现代建筑中,楼道之间的楼层变化也是形成视觉中令人感动的画面（图为Hills大楼变幻的阶梯景观）

日本建筑师内井昭藏就当代日本新建筑的话题提出了他的观点。他把“建筑现象”称之为“抽象建筑设计现象”。他全面总结出山与海、云与森林、光与色以及声音等因素编织成“人间风景”的建筑现象。这种建筑现象用辨证科学的理论依据比较形象地概述了具象与抽象的区别。他认为，建筑行为亦是如此，是主客体与抽象手法相结合的体现。

首先，建筑设计与具象创造是在原点的基础上进行的，设计者必须有诸多方面的相关信息来源和理论依据才能进行他们的具体工作。一位建筑师在完成他的设计图纸之前，他要面对的是人间物象、构造景观建筑、环境关系、天文地理等诸多因素。建筑师对此须了如指掌，才能胸有成竹下笔如有神。

内井昭藏在阐述自己的观点时，引用了一句我们大家颇为熟悉的中国成语“百闻不如一见”进行论证。他认为，作为建筑师，无论有多少的信息来源、读过多少理论著作，都不如亲自到建筑施工现场考察和体验最为直观。他还认为，建筑师与其注重把计划书做得如何具体和周密，倒不如亲眼考察一些城市的景观或文化现象，多积累一些经验，这样即便碰到意想不到的问题也会迎刃而解。

> 朝日啤酒公司主大楼前的巨型啤酒杯装置，建筑采用镀金材质的立体泡沫形状构筑了一件颇具视觉效果的建筑装置艺术，喻示该企业的一种企业精神

阿部仁史

时间轮回“建筑行为”的思考

建筑不是独立的，
它是环境与人类居住相互依赖的关系。
阿部认为，
建筑以时间顺序来划分，
最初原始的建筑群落可以称之为“巢居”，
建筑就是指单纯的“家”的意义。
随着时间的推移、
社会的发展，
建筑作为人类社会公共领域的一部分，与人类密切相关，
是文明社会发展与进步的体现。

> 图为号称“亚洲第一高”的东京塔正在兴建之中，它将成为东京的第二座电视塔，原预计2011年6月竣工

在日本建筑师阿部仁史的眼中，建筑是对逝去的东西的一种记载。他以职业的眼光、透析的思维，反思与回顾了日本建筑界从20世纪30年代直至现阶段所发生的巨大变化。阿部将不同年代所产生的建筑师及其代表性建筑，从形式、观念、材料等方面进行了比较，他认为，它们体现了社会因素和建筑师个人的文化观念，可以归纳称之为“建筑行为”。这是他对日本建筑历史的梳理和对不同时代观念的建筑所作的评述。同时，阿部还引用生动的案例说明：建筑行为的主观存在包括了建筑本身与人的身体、空间以及外部环境的关系。当任何事物的发展一旦进入它的极端时期，必然会引发人们对它最原始的形态及其本源的探寻。当近现代建筑的发展达到了它的鼎盛时代时，建筑师对建筑本身的反思和对建筑行为的思考也因此开始了。

在新建筑中，远古的、近代的、当代的建筑理念都在以不同程度的方式显现出来。回归原始建筑，尤其是对18世纪至19世纪建筑的回归，阿部还把这一现象归纳为“时间轮回的建筑行为”。

如果用辩证唯物的观念来看待建筑这种客观存在的实体，建筑行为本身就具有社会属性和时代属性，它也体现了建筑师个人的兴趣、艺术品位和职业眼光。阿部仁史在引述洛库格所著的《建筑，不需要建筑师的建筑》一书中的某些观点和事例时，认为人类社会的进步是逐渐随着时间的变迁、社会的变革以及文明的发展而发展的。建筑作为人类社会的客观存在，其发展同样经历了不同时代的变革。而不同类型的建筑师的产生以及建筑评论人的出现，就产生了建筑观念、建筑技术、建筑材料，即“建筑行为”的出现。

建筑不是独立的，它是与环境、人类共相依存的。阿部认为，建筑若按时间顺序来划分，最初原始的建筑群落可以称之为“巢居”，建筑就是单纯指“家”的意义。随着时间的推移、社会的发展，建筑作为人类社会公共领域的一部分，它与人类密切相关，是文明社会发展与进步的体现。这种行为定义的延伸就体现了社会的变化，反映了建筑师的存在价值。

阿部指出，把建筑行为的主体与现代建筑行为的意图进行论证与比较来看，直接参与同间接参与建筑行为这两种社会活动是相近的。没有建筑设计，或者说没有建筑师参与的建筑是很难想象的，没有建筑师参与的建筑也几乎是不存在的。传统建筑行为的独立性相对较大，随着社会的变化与发展，这种独立性也逐渐被新的连锁性所取代了。

20世纪60年代，日本建筑界的建筑个人行为逐步变成签约性质，社会对建筑师提出了新的要求，尤其是对建筑物本身，包括对建筑的设计施工与质量的评估等诸多方面的规范。建筑师的建筑行为，也因社会的发展开始逐渐确立了与之相适应的标准。同时，一些建筑师开始了对新的建筑风格的探索，如当时活跃的建筑师设计了洋服式的建筑，用格式的造型变化推出了一批新建筑。这种风格的延伸与发展以及多种观念的建筑设计形式的出现，对推动与影响日本建筑业界朝着一个多样性的思路发展产生了深刻影响。

进入20世纪70年代，日本建筑师开始对保守、过激的思想与观念进行了反思。在这一时间轮回中，建筑领域发生了观念性的巨大转变。建筑使用功能的具体细致化和技术进一步完善对建筑造型的完成能力、材料的利用要求精确化以及职能细分工，这对建筑师地位的确立、价值观的肯定都有了明确的标准化。之后建筑领域开始了对建筑技术的革新与观念的转变的大探讨。建筑师的创造空间和活动范围也逐渐扩大了，建筑行为也发生了质的飞跃。

紧随其后，日本建筑领域出现了一派欣欣向荣的气象。观念性的建筑、抽象现代性的建筑、材料革新的建筑随之不断产生。这一时期的建筑界涌现了一批又一批出色的建筑师及评论家。这之后空洞的学术人少了，实践型的建筑师多了起来，这是时代潮流的

> 正在兴建中的东京第二座电视塔

需要，也是社会发展与进步的体现。

随着日本的开放与发展，社会诸多思想流派的影响，建筑界空前的繁荣与发展足以证明建筑师的社会作用与社会地位的变化，建筑学术领域的各种争议与分歧减少了。如果说，建筑师过去的工作只是一个人的行为占据了主体的话，那么今天的建筑师的作用，包括他们的工作范围也发生了巨大的变化，其工作性质已经与整个社会密不可分。因为他们所创造的价值，为社会带来了直接的利益。故此，他们的工作存在的意义也与全人类，乃至于整个社会的文明进步与发展紧紧连在一起。

横河健

“建筑的地形化”与“地形化的建筑”

在建筑设计上，
往往单一、
简约的景观最能引人注目。
简单比繁琐更具现代特色，
单一造型恰是视觉之中最为诱人之处。

> 图为东京六本木Hills大楼的建筑局部

日本建筑学家横河健提出了“建筑的地形化”与“地形的建筑”的观点。其寓意是指建筑应依据不同的地形建造不同的建筑。他的观点告诫人们，地形能改变设计与创造的建筑形式。

在与日本建筑师接触的过程中，我也听到不少有关地形与建筑的观点。对于一位建筑师来讲，要善于掌握有利于地形、因形而造物的技巧，在具体的情况下利用手中有利的条件创造性地设计建造因地制形的景观建筑。

在日本冈山县北部津山市西各农试验场“TOWN冈山”（简称C.T.O建筑）的建设过程中，当时对建筑师来说，面对这一带特定的地形、地貌、风土人情以及当地的风景环境，要建造并符合这种地域特征的建筑并非易事，对设计者、施工人员无疑都是一次技术上的挑战！横河健回忆，当时为了建造这座传统的建筑，设计者反复验证，细细推敲，经过深思熟虑的构思与实地测试，终于设计出C.T.O的建筑方案。这座建筑设计方案运用了形体组合的方式来结合当地地形地貌的特点，将一座复合型的立体透光钢质材料的建筑建在大津山这一特殊的地形上，使整座建筑景观颇具特色。譬如，采用了钢质铁艺等坚硬的建筑材料，利用弓形的造型设计，透明的玻璃材质，使建筑更富有变化，从外观造型上看，建筑设计与造型既美观又大方，且符合当地的地形地貌的景观特征。因此，在当时有人认为“CTO建筑” 的景观建筑构想最大的特征是同天呼应，同地相连。

地形地貌的景观建筑，以单一的几何造型设计，将建筑与地形地貌结合起来，使景观建筑生动强烈。这是设计者有意识地将这座地形地貌的景观建筑采用硬币图形和筒管状的构造进行设计。利用了透明通亮的玻璃材质幕墙与盖顶，突出了建筑的开放意识及地域的景观特点，体现了“建筑的地形化”与“地形化的建筑”这一设计理想境界。

横河健认为，在建筑设计上，单一的造型恰好正是视觉中最为诱人的，往往单一、简约的景观最能引人注目，简单比繁琐更具现代特色。这些看似简易单调的几何造型建筑，又恰恰是建筑施工中最尖端技术的体现。

> 以简约、单一的造型的建筑局部

三宅理一

“建筑的文脉”萌发在感性与悟性之中

“建筑的文脉”
有时是建筑师在一瞬间的意念中捕获的。
譬如通过一块硬币的外形，
受其启发突然产生一种建筑图形的灵感，
然后去完成一座建筑造型设计。
这种瞬间意念灵感的获得，
是从感性与悟性之中产生的。

> 采用玻璃材质的建材和结合现代的构造设计，越来越成为当代日本建筑新景观（图为东京新桥地区的整体玻璃墙体的构造建筑）

“建筑的文脉”有时是建筑设计师在一瞬间的意念中捕获的。譬如，通过看到一块硬币的外形，受其启发突然产生一种建筑图形的灵感，然后去完成一座建筑造型设计。这种瞬间意念灵感的获得，是从感性与悟性之中产生的。

建筑史家三宅理一的一番阐述，十分精辟。我经常在思考，建筑师终日忙于对建筑设计的具体工作，往往忽视了对瞬间物象捕捉的机会，应该说，这并不利于建筑师创造性的成长。其实一件成功的设计作品，有时是产生于瞬间的灵感之中的。有了感性与悟性的认识，或细心的捕捉后才能有“建筑的文脉”的发现。

三宅理一对此感触颇深。他举例说，在日本建筑师大野秀敏的设计作品中，所表现出来的那种设计意念，除了在多次的设计工作中积累产生的，也有不少是通过细心的

> 图为东京大街上的现代建筑的局部

观察与捕捉获得的灵感后，产生设计冲动的。比如说，他受一块硬币外形的启发，构思出一座建筑的设计，这便是灵感产生的一个例证。如果说，建筑师都能像大野秀敏一样善于捕捉抓住瞬间中的灵感找到建筑中的“建筑的文脉”，那么将会有更多震撼人心的建筑作品产生。

对于一座富有个性的建筑景观设计，需要建筑师不断从生活中积累，不断从物象的悟性中捕捉瞬间中的变化找到适合表达的内容，那就是建筑师心中的“建筑的文脉”。

实践证明，新奇独特、富于个性的建筑，往往出自一些观念新、有思想、有个性、思维敏捷的建筑师之手。这些成功的经典之作，也恰恰是在建筑师一瞬间的意念中完成的。一座景观建筑的造型设计，总会是受到来自内外各种因素与各种启发产生的。不管是建筑师经过深思熟虑，用心构思创造出来的，或者是从瞬间的灵感中捕获的，都应该是建筑师心灵深处的情感反映。

筱崎明夫

百年历史见证日本建筑的变革

在筱崎明夫的叙述中，
我发现，在地震频发的日本，
在推广研发建材的生产加工时，
尤其重视材质的坚固耐久性能的研发。
在建筑施工过程中，
日本政府制定了各种相应的明文法规以加强这方面的管理力度。
因此，日本建筑业界积累了相当丰富的经验，
以及研发技术，
对进一步推动建筑业界向高端技术迈进的历程起到了积极的作用。

> 图为东京银座大街的商业橱窗，现代的玻璃墙面突显时代气息

建筑师筱崎明夫十分感慨地说："19世纪初，是日本建筑业界从走出去到请进来，从建材工业到建筑技术的发展，几乎可以说百年历史见证了日本建筑的发展与变革过程。"就建筑技术与建筑材料的研发方面，具有多年实际工作经验的建筑师筱崎明夫以日本建筑界的实例进行了介绍。他回忆说，20世纪初，1900年开始，在日本建筑史上所产生像明治元年建造的"筑地宾馆"、"第一国立银行"等历史性的建筑，是日本建筑业早期吸取西洋建筑技术与建筑风格的见证。

在20世纪初，日本建筑界掀起了西洋建筑技术的热潮。在建筑设计方案上以铁材钢筋、混凝土的构造设计为主，极力推行这种设计方案。

1875年，日本建筑业界开始了本国建筑材料的研发。譬如烧制的炼瓦和地砖等建材的技术，这种建材，在19世纪后期开始大量投入使用。如"东京站"、"日本银行本馆"、"赤坂离宫"（迎宾馆）等主要历史性的建筑均采用了这一建材建造而成。1901年，日本本土铁制建筑材料的发展迅猛，积极地推动了本国建材工业的发展。又如当时具有象征性的历史性建筑"东京银座服部钟表店"、"日比谷第一生命本馆"等均是采用本国研制出来的建筑材料建造的。

这一时期，日本传统的木结构建筑，开始了吸取西方的建筑技术，使用木结构加钢结构相结合的办法建造房子、一些重大的建筑也采用混凝土钢结构的建筑形式，由此揭开了日本建筑技术新的一页。

筱崎明夫回忆道，第二次世界大战后日本建筑界进入到一个飞跃发展的时期，1948年，日本政府确立了消防法，在建筑业界相继设立了“建筑基准法”、“建筑师工业标准化法”等法规。这些措施进一步使建筑业界更加完善，更加规范化。为此，建筑业提出了更严要求、更高标准，使日本建筑界朝健康的方向拓展。

因此，日本建筑界的振兴发展取得了实质性的进展。建筑技术革命，建筑材料技术的更新提高了建筑施工效益，从而大大缩短了施工的时速，加速了建筑领域工业化的进程。从70至80年代，日本建筑业界出现了从未有过的发展高潮，这一时期也是经济泡沫发展的边缘时期，建筑领域追求效率和效益导致一些建筑材料生产加工行业盲目追求经济利益，却忽略了材质保存与使用期长短的技术研发。经过了一个痛苦反思的过程，建筑业界从教训中吸取经验，开始了新一轮对建材技术研发与

> 图为银座大街的建筑

生产革新的探索。政府相应推出了法律制度，加强了建筑领域的行业规范化。

在筱崎明夫的叙述中，我发现，对于地震频发的日本，推广研发建材的生产加工时，尤其重视材质的坚固与抗震性能的研发。在建筑施工过程中，日本政府制定了各种相应的明文法规以加强这方面的管理力度。日本建筑业界也积累了相当丰富的经验以及研发技术，对进一步推动建筑业界向高端技术迈进起到了积极的作用。

> 图为采用传统木结构建造技术的温泉旅馆

铃木博之

建筑设计观念到了该“蜕皮”的时候了

“建筑就像是一张立体的绘画，
如同是由一个诸多因素组合而成的“装置”。
建筑本身包含绘画元素，如墙壁上的变化、
窗口的开设、大门的设置，
均有诸多讲究和绘画元素。
因此，我们在设计建筑或建造建筑时恰恰不可忽视
建筑的空间同绘画的美学联系”。

> 波浪式的屋顶构造，流动跳跃的设计风格突出了现代建筑设计追求一种时尚、简约的建筑理念

我一直在关注大师们的观点，在留心他们的谈话。建筑师铃木博之认为，21世纪，日本建筑的主体应该是在研究与探讨社会问题。他说，建筑只是一个抽象的名词，而建筑居室才是具体的可观实体。

他认为，建筑具有多面性。包括社会、产业、人群等综合体。它体现于“技术与艺术”、“学术与技术、艺术”等相互的关联体和所研究的课题中。铃木博之对日本近代建筑进行了直观的剖析与论证。他举例说，日本建筑领域西洋化就是一个证明。在400余年前的幕末安政时代，幕府开国接受西洋文化，西洋的建筑技术和建筑思想对日本历史性的建筑都有影响作用。譬如，引进西方建筑师来日本讲学，兴建历史性的建筑景观便可以考证这段历史。从此，揭开了日本列岛西洋建筑艺术的开始。

铃木博之以日本几次大地震为例，譬如1923年的关东大地震，日本建筑业界针对建筑设计方案，进一步强化了建筑物本身的抗震程度。在建材上强化技术性的研发力度，广泛推行抗震技术与建筑材料的运用。日本战后百废待兴，举国上下齐心搞建设，建筑业界进入了一个全面发展的时期。从技术、艺术与学术等几方面展开研发、强化相互关系。由此日本建筑业界进入到一个多元化的发展时期。传统、现代、技术观念的种种更新，使日本建筑领域呈现出多元化的发展格局与面貌。

铃木博之在自己的观点中表述了建筑与艺术的关联。他谈到，当代绘画艺术、当代美术馆的建设关系时，引用以安藤忠雄设计的实验性的美术馆新建筑为例，认为安藤的新建筑巧妙地运用了建筑、空间、绘画的美学关系。

铃木博之形象地说 “建筑就像是一张立体的绘画，是由诸多因素组合而成的装置。建筑本身包含绘画元素，如墙壁上的变化、窗口的开设、大门的设置均有诸多讲究和绘画元素。为此，我们在设计建筑或建造建筑时恰恰不可忽视用建筑、空间、绘画的美学关系”。最后，铃木博之引文说，从20世纪到21世纪，日本建筑设计观念的转变到了该“蜕皮”的时候了。

桢文彦

巧妙运用材料是建筑的重中之重！

当代新建筑的三大要素总结，
即建筑的设计、建材的选用、工艺技术流程等。
建筑材料如何利用研发包括多方面的技术问题，
这需要建筑设计师不断收集相关的信息与提高相关的技术，
以及在实际的施工中能够精确地使用好各种不同材质的材料，
从而建造出富有个性的新建筑景观。

> 图为素以灰色水泥著称的建筑设计风格的建筑大师安藤忠雄设计建造的建筑

20世纪中后期，日本战后进入高速发展的年代。这样一个特殊的年代造就了一大批卓有成就的建筑设计大师，包括他们设计建造成功的很多作品。尤其是在对建材的使用与理解上，他们各自有着惊人之处，回顾走过的光辉历程，让人听听来自不同时期、不同背景之下成长起来的建筑师们的谈话。

在建材的认识上，建筑师桢文彦可谓另类！他凭借几十年的工作经历切身体会到，在建筑中使用的现代建材对建造一座新建筑所产生的影响是深远的。他认为，建筑材料的技术革命是信息技术的产物，是对建筑材料的有效利用，也是新建筑主体中的重中之重！其运用发挥，离不开建筑师对它的认识、开发以及进一步推广。在实际的设计与施工过程中若能巧妙地运用好材料，让其发挥极致，又似乎是建筑师尤为关注的重要课题。

桢文彦将当代新建筑的三大要素总结，即建筑的设计、建材的选用、工艺技术流程等。建筑材料如何利用研发包括多方面的技术问题，这需要建筑师不断收集相关的信息与提高相关的技术，以及在实际的施工中能够精确地运用各种不同材质的材料，从而建造出富有个性的新建筑。

他强调，作为建筑师在此方面需要及时了解与掌握运用各种不同材质的材料，了解它的性能与使用方法，这才有利于设计工作的展开。据桢文彦回忆，在60至70年代，日本在研发与推广运用建筑材料、解决技术问题方面可谓历尽艰难。日本的几大企业如三菱重工就在此时网罗海外多方面的技术人才，并在建筑材料的研发生产上取得重大进展，先后推出了建材中的板材、混合铝材、铁、钢质等综合加工材料，对日本本土的建筑材料的研发与生产起到了引路的作用，也进一步推动了日本建筑业界向工业化的转型。

其实，当代日本的新建筑材料越来越依赖于现代工业技术，在施工流程中更注重材料的科学性，尤其注重对材料的节能、保养、维修、抗震、抗灾、耐高温等技术方面的研发。在设计与施工上，有力提高了建筑施工的效益，完善了建筑技术方面的管理。

近代日本建筑发展中，材料的研发与推广一直推陈出新。特别是从70至80年代，日本建筑材料的发展进入了鼎盛发展与飞跃的时期。考察那一时期以来的一些重大建筑工程项目，不难看到这个辉煌的历程。

佐佐木睦朗

铁材是建筑生命的支柱！

铁具有坚硬的抵抗力，
又富于柔韧性，可经受颠覆扭曲等多种功效与特点，
在建筑结构与构造中，
它是高空建筑中的最美妙的音符、
现代新建筑材料中最佳的材质！

> 图为安藤忠雄设计建造的建筑

不可否认，在日本一些建筑师的眼里，建材是影响建筑成败的关键所在。如在建筑结构师佐佐木睦朗的眼里，铁就是建筑生命的支柱。铁作为建筑结构中不可或缺的主要材料，无论是传统的木结构建筑还是现代的钢结构新建筑都越来越离不开对它的依赖与需求，足见其广泛的使用程度了。

在日本城市新建筑景观中，混凝土结构的墙体就是以钢、铁结构为主要的构筑材料。对铁的开发与研制，日本称得上是一个具有经验和历史的国家。对铁的传统炼造技术，日本也一直走在世界的最尖端。

佐佐木睦朗说，铁作为建筑中主要的结构材料颇有特色，它外观色彩美观，质地极佳等方面都成为它的优点。

正如佐佐木睦朗所说，在日本传统的木结构建筑中，穿插运用钢铁结构也是非常合理的建筑技术形式。伴随着日本工业化进程的加速，建筑领域对铁的开发加大了力度，在技术引进与推广上增加了更大的人力、物力去开发。从传统手工炼铁方式到近代机械化的流水作业，制铁技术进入到一个崭新的阶段。

应该承认，在建筑施工中，钢比铁更坚硬而具抗震性，为抗击各种自然灾害的侵袭，在现代新建筑构造上，利用铁与钢混合使用，能让其发挥各自的特点。铁坚硬且有韧性，而钢坚硬却没有铁的那种柔韧性，如果将二者结合利用，使其各尽其才，就能充分发挥它们各自的功效。

佐佐木睦朗对此则用平和的语气表示，铁作为一种传统的建筑材料，它的优点很多，因为它具有高弹力的功效。铁既适合被运用到高空建筑和高层建筑中的各种楼道阶梯、转折衔接处；它又在防震之中极具抗震、抗颠折弹等多个特点。用于现代新建筑中，它又富于抽象概念，通过设计处理，它能变换出各种不同形状的造型。

我特别留意佐佐木睦朗的《铁骨设计的地平》一文中的观点，体会了他对“铁”的理解与评价，佐佐木在文中说：铁具有坚硬的抵抗力，又富于柔韧性可经受颠覆扭曲等多种功效与特点，在建筑结构与构造中，它是高空建筑中像乐谱上的最美妙的音符、现代新建筑材料中最佳的材质！

石山修武

21世纪木结构建筑艺术的前景

江户时代是日本文化发展的鼎盛时期，
木结构传统建筑技术在这一时期达到了巅峰阶段。
那时木工技术的整体水平对后来日本木结构建筑技术的发展产生了积极作用。
进入明治后期，
日本近代建筑技术受到西洋文化的影响，
洋式风格的建筑在日本四处兴起。

> 通过现代建筑材料与建筑技术的有机组合构造，圆形、方形、三角形等交织的建筑成为现代都市建筑景观中不可或缺的部分

从事木结构建筑设计的石山修武，以他数十年的经验，具备着大师的眼光和超人的洞察力。他表示，日本木结构建筑技术在21世纪将会有新一轮的大发展。石山修武经过总结得出，根据木结构建筑的特点、技术的优势，客观地说，对于像日本这样有着悠久历史传统木结构建筑技术的国家，这样的建筑长期作为传统民居或温泉旅馆一直被看好，有着良好的社会基础和市场前景，深受本国人民的喜爱，这是一个大方向、大目标，是不可动摇的。

石山修武从整体建筑技术、设计者的理念以及传统技术的传承等方面进行了客观的分析与比较，对木结构建筑做出了一个比较客观的评述与介绍。

我们瞭望世界，在建筑界的老牌资本主义帝国——英国、德国，都有良好的木结构传统建筑技术和文化背景，日本从中汲取了不少经验和技术，使得它的传统木结构建筑技术优势十分突出。

江户时代是日本文化发展的鼎盛时期，木结构传统建筑技术在这一时期达到了巅峰阶段。那时木工技术的整体水平对后期日本木结构建筑技术的发展起到了积极的影响作用。进入明治时期，日本开始接受西洋文明，近代建筑技术受到了西洋文化的影响，“洋风”的建筑技术对近代日本建筑的影响是深远的。由于日本在江户时期以传统的木结构建筑为主，形成了较为单一的建筑形式。随着日本幕府开国接受西洋文明开始，引进西方的建筑技术，从此，打开了日本本土建筑技术革命的发展之路。

石山修武回顾当时，美国建筑业在建筑技术、管理、现场施工等方面的经验和技术都对日本建筑业起到了启发作用。为了使传统的木结构建筑技术得到全面的发展，以及在抗击自然灾害中减轻损失，日本开创了在建筑施工与设计中增加预防措施，加强了结构技术的推广与运用。譬如钢结构与木结构相结合的办法，形成了当时木结构建筑技术的一道独特风景，有力地推动了日本传统结构技术的发展，实现了从建筑师到建筑施工者，以及居住者的对安全意识的理解。

石山修武介绍说，第二次世界大战期间，有一位逃亡到日本的德国建筑师塔乌德，他除了参观考察日本的建筑情况及木结构建筑技术，又以自己的设计思想和技术设计建造了一件木结构建筑作品。此间，他与日本建筑设计人士进行了相互的切磋与交流，并传授了德国的一些木结构建筑技术，这些也都深深地影响了日本同行业者。石山修武说，至今，日本建筑界依然能记起这件往事。

松村秀一

技术与人员的交往要面向国际化

技术的引进对建筑界十分重要，
特别是建筑师的引进，
包括优秀设计方案的引进，
这都是在21世纪中凸显出来的国际问题。

> 图为波浪式的棚顶构造的建筑

就当前日本建筑业界的设计与发展前景，建筑师松村秀一提出了具有针对性的观点。他表示：伴随市场的国际化，材料的开发与研制，技术层面的深入交流是世界建筑业界不可忽略又极为关键的一个重要方面。各种信息流通渠道的开通以及多方面的因素催化，加剧了这种从宏观到微观层面的渗透。尤其在技术与人员的交流与往来方面，更要面向国际化。譬如建筑师、设计方案、技术交流和新材料等方面的交流与引进，无疑加速推动了这种发展势头。

在当代日本建筑界，像松村秀一这样颇有建设性的意见对日本建筑设计师们是一种促进，他的观点是有一定代表性的。他认为，建筑业界对技术的引进十分重要，特别是建筑师包括优秀设计方案的引进，这都是在21世纪中突显出来的国际问题。他一针见血指出，20世纪，日本建筑界对技术、人员的交流方面没有下大力气，而在当前应加强这方面的力量。过去，日本没有注重下大力气引进技术和优秀的设计师，主要以单纯的劳动力来充实扩大人员力量是远远不够的。

除此之外，他建议，日本要组织建筑师与建筑技术人员到海外去取经，在设计、管理、技术等多方面更要具备国际化的思想和眼光，以提高日本建筑界的整体水平。

> 图为日本传统建筑，以砖红色泽构造的建筑

岗部宪明

建筑师须具备慧眼识珠的能力

国际化的概念不仅仅是一个词组意义而已，
它更应该是一项长期的软件工程。
不管时代如何变，引进、交流无所谓地域与国际之分，
设计领域应该无民族、无地域之界限。
特别是在全球经济一体化的影响与发展趋势之下，
当下，时代在发展与进步，
国际间的合作日趋频繁，
没有任何一种理由让我们选择拒绝优秀文化或技术的引进。

> 图为日本传统建筑技术，以红砖为材料的建筑

在当代，尤其像岗部宪明这类建筑师，他能以自己独特的见解，从建筑行业的角度，以国际化的眼光来考虑日本建筑的长远规划。他表示，建筑师须具备慧眼识珠的能力。多样性的存在无所谓国籍、地域之分，应以一个全方位的发展思路去思考未来。建筑师的整体设计水平来自于他的知识面以及国际眼光，只有具备国际化的眼光，在他设计的作品中才能体现这种思想与境界!

若要改变这种单一的人才现状，他认为，只有请进来、派出去才有可能改变这种状况。国际化的概念不仅仅是一个词组意义而已，它更应该是一项长期的工程。不管时代如何变，引进、交流无所谓地域与国际之分，设计领域应该无民族、无地域之界限。特别是在全球经济一体化的影响与发展趋势之下，当下时代的发展与进步，国际间的合作日趋频繁，没有任何一种理由让我们选择

拒绝优秀文化或技术的引进。

岗部宪明列举了日本近代建筑界的几件力作。他举例说，譬如“日本国机关综合文化中心大楼”的建筑项目就是同一些从国外请进来的设计专家合作完成的。其实这种国际间的合作，使他深刻体会到建筑师的国籍、地域并不重要，重要的是彼此间设计思想的契合和建筑理念的相互认同。

另外，他又列举了“日本关西国际机场大楼”的设计个案，当时为了建造这座机场大楼，日本同样邀请了很多国外优秀的建筑师参与设计建造。为了突出时代特色，日本与海外专家们在设计方案上进行了反复论证与推敲，最终在多方面的意见得到统一后确立了设计方案，建造了今天我们见到的关西机场。呈现在我们眼前的整座机场建筑外观造型，就像是一面展开的扇面向空中伸展，辐射四方，极有一种扩张的力量感和视觉效果，这种设计也符合时代精神的特点。可以说，这样的建筑能激起大众共鸣，也充分展现了日本新建筑的艺术魅力!

现代日本城市建筑景观设计视线

城市新建筑风景与设计艺术

要创造性地设计出符合现代城市个性的景观建筑，建筑师不能忽视每一个细小的环节，包括每座城市的地形地貌特征和整体景观的布局，如城市是否临近海边或山林，这些客观因素都成为影响营造与建设现代城市景观建筑的重要方面。因此，日本大城市的建设计划既注重保留也善于舍弃与创新，在扩建与利用资源方面，为世人留下了可借鉴的经验。

> 日本传统建筑技术，以红砖结构的建筑

C

透过广角镜看日本现代城市新建筑

> 采用开放的设计，大弧形的构造天顶给人以舒展的视觉空间

现代日本城市建筑景观设计视线

营造建设楼宇的绿地也是日本建筑中先后采取的改变环境的有效办法。
在日本的建筑界，提出的建筑、环境、空间的关系是相互关联又相互依存的。
过去很少有人会去想，在大楼内有限的空间里种植绿色植物，
以改变办公大楼钢筋水泥单一的气息，
增加一些田园气氛。
这种现代城市“阳光计划”的建筑景观设计理念，
已经被大众所接纳了。
日本城市以车站为中心，商业、经贸都较大程度集中于其中，
这就给了建筑师施展个人能力的机会，
在设计方案上不断围绕着车站、人流集中的地方大做文章。
在车站广场、天桥构造城市景观建筑，
成为日本建筑的设计风格与城市风貌。

> 由安藤忠雄设计建造的建筑。开放通透的大窗，阳光充足的玻璃壁面、灰色的水泥墙体的建筑

在现代日本城市建筑景观设计视线中，特别要提及的是在20世纪70年代，经过了新一轮经济高速增长的年代，日本经济进入泡沫时期，所幸日本的房地产业仍然坚挺如初。城市发展的迅猛，在兴建城市、改善环境建设方面迫切需要建筑师们发挥个人的创造性，创新设计理念，设计出符合时代发展需要的城市新建筑。

这一时期，新的建筑设计成为日本城市建设的新视线。一些以车站为中心，以区域划分的商业区、文化区以及东京较为时尚的消费区，都成为了城市发展与建设极为重要的方面。要创造性地设计出符合现代城市个性的新景观建筑，建筑师们就不能忽视每一个细小环节，譬如每座城市的地形地貌特征。对于城市的整体景观的布局、城市是否临近海边或山林等地形地貌的周边环境，这些客观条件，都成为营造与建设现代城市景观新建筑的重要因素。

因此，有人提出日本大城市的建设计划，既要注重保留也要善于舍弃与创新。例如，在保留古建筑与创建新建筑的同时，日本在此方面善于另辟蹊径，既发展了新的城市又保留了古建筑文化的延续。特别是在景观新建筑设计与技术开发方面，较好地利用与节约资源、合理调配，充分利用空间的许多创新发明与经验是值得我们很好去研究与借鉴的。

营造现代城市的绿色环境，日本建筑界先后采取了十分有效的办法，提出了建筑、环境、空间三位一体的新理念。过去很少有人会去想到在大楼内，在一个有限的空间里种植绿色植物，以改善现代办公大楼内钢筋水泥单一的气息，从而增加一些清新的田园气氛。这种现代城市阳光计划的建筑设计理念，已经开始被大众、被我们所接受。

日本城市以车站为中心，商业、经贸都集中于此。这就给了设计师施展个人能力的机会，在设计方案上设计者不断围绕着车站人流集中的地方大做文章。在车站广场、天桥上构造城市景观新建筑，成为当代日本建筑的设计风格与城市风貌。在城市景观建筑的规划与布局上，如何将建筑造型设计以及城市区域的建筑布局展开更大的想象空间，如在利用有限的建筑空间、节省资源上推出更多的具有创新意识的设计方案，不断成为日本本土或是来自于海外建筑师无时不在关注与思考的问题。

在新建筑的结构设计方面，日本采纳了许多来自海外、本土建筑师的方案。在建筑景观形式上造型新奇独特别具心裁。尤其在建造技术方面，创造性地推陈出新，成就了当代日本新建筑中的许多经典之作。

我们透过一幅幅彩色画面可以领略到这些新建筑艺术的独特。从20世纪70年代到90年代这20余年里，日本现代城市建设发展迅猛。新建筑景观，它体现于观念新、颇有创造性。在不少重大的建筑项目上汲取了世界最先进的技术以及建筑师的设计方案，从而也带动了本国建筑业的大发展。在此期间，传统与现代相齐并进，继承与发展，创新与探索呈现出一个多彩的现代城市新建筑的精美画面。

日本建筑师宇野求提出日本现代城市景观新建筑计划，他强调，车站的建筑空间十分有限，在这种行人流动密集的广场做景观设计，一定要结合当地的地形特点突出表现出这种空间的变化。在造型与选景方面，要进行立体的构思，以体现出景观新建筑在视觉感官上的效果，从而加强视觉空间与环境的统一。

> 采用钢构架、玻璃墙体的现代新建筑

(一)城市的复兴与新建筑的再现

透过画面可以看出，在20世纪六七十年代，日本战后经济高速增长，推动了日本建筑领域的快速发展，当时被称之为“巨大的垃圾宿命”。在自然灾难中重新建设，这种“垃圾中的宿命”建设计划也被建筑师们视之为一种巨大的浪费！

譬如1995年，阪神淡路町的大地震就是一个例子。地震带给人们的是一种惨痛的生存灾难，也给建筑师们提出再造一个新的大城市的“宿命工程”。在废墟中再造一个新城市，这种行为又被称之为“垃圾宿命”的建筑行为。当时为了应对抗震防灾的设计课题，从建筑界到建筑师都在思考发展的方向，占据了建筑领域的巨大空间，也给日本建筑领域注入了无限的生命力。乃至对当代日本新建筑，尤其是公共建筑的巨大投入与发展都无疑是起到了积极的影响作用。可以说，这一个时期成为日本许多建筑师或建筑理论人实现个性成长到拓展方向与途径的最佳时代。

1995年1月17日，阪神发生了从未有过的大地震，地震的袭击使有名的神户三宫中心街(又称商业街)倒在一片废墟之中。震后为了恢复原貌，在重新建设时，建筑师们相聚一堂献计献策。大家认为神户之宫商业一条街地处于山与海相狭的神户市中心，东西两端连接大海延伸的海岸线，海港开阔，为了结合与恢复当地的地形地貌及市容、人文景观的形状，设计者首先想到的是建筑的形式，为了突出自然风光，较好地吸取自然光、风、香、绿色、空气等因素。在建筑结构上粿合历史人文文化基因，在重建神户三宫一条街时，建筑师更揉合了自然的动感因素。将建筑体现出“港、航、海”和“时间、历史”以及“宇宙、永远”等三个主题。譬如设计街心的天然透光的翼状的棚顶，飞翔的翼膀展开双翼既有动感又开放、透光、较好地汲取了宇宙中的灿烂风景，把港、航、海的环境尽收入其中。

为了历史时间的记忆，为了宇宙永恒这个主题，设计者在设计施工方案上巧妙地把这项工程视为“森”的景观新建筑。为了过去与未来，“港的风”、“时间的风”、“宇宙的风”等三个内容，在新建筑工艺上追求轻松之感。注重抗震坚固性，减轻建筑的多层重叠复合结构，吸收自然的光热、用绿色的理念植树造绿的景观建筑方案，结合利用树枝、绿叶广泛吸收阳光的特性，创造了神户三宫一条街“森”的情调的风景新景观建筑。

以东西海湾的地带特点把街建成透光、蔽日的长廊式的新建筑景观，既符合海港城市的明亮整洁的建筑效果，又符合贴近当地的历史文化的人文景观，是日本现代城市环境建筑与街区新建筑风格的显著体现。

（二）现代新建筑景观设计与实践

经过20世纪50年代到60年代后期的发展变迁，随着日本几个大城市如东京、大阪、名古屋等城市的诸多公共建筑服务设施的老化，越来越成为当地政府急切需要投入资金重建的项目之一。为扩建与改良城市建筑景观设计与实践，当地政府及建筑界人士花费心机，投入巨大。在保留与舍弃方面作出了重大的选择。双方侧重顾全大局，推出了切合实际的举措。大胆创新，使城市改良计划得到了全面的实施，迈出了可喜的一步。在城市新建筑景观设计方面，以现代综合服务设施为例，如在交通、通信、金融、体育、医疗、娱乐等服务设施方案上，设计者结合当地的地形、自然资源，以及人文环境进行大胆创新，以建筑、土木、技术的融合力求利民环保节约资源等方面推出了许多新技术。在街区、车站广场、公园等周边环境的建筑景观设计上，专家们确立了以车站大楼的建筑为街区的轴心，然后向周边的道路延伸展开形成城市链，以购物、休闲、交通、通讯、金融为集中的城市区块。这种现代城市的改善方案和形式也使日本许多地方的城市建设受到启发。实践证明，这种城市新建筑景观设计与建设方案的实施完全改变了战后日本现代城市的面貌，使日本的建筑行业迈向了一个新的里程碑。

（三）文化遗址景观建筑的再现

在收集与探寻之中，我看到日本现代城市的发展过程中，文化遗址的建筑项目是一道风景，这道风景有新的视线。譬如时间进入20世纪90年代中期，随着一场大地震灾难过后，日本关西阪神地区的许多重要的文化建筑倒在了一片废墟之中。当地政府为了修复一些重要文化遗址的建筑提出了切实可行的方案与办法，力求保留原貌以尊重历史文化的态度，重新建造了像兵库县兵库港的“兵库拘留地十五号馆”的重要文化遗址景观新建筑。文化遗址景观建筑的修复、保留与创新等方面，日本建筑界做出了自己的特色，成为一道独特的视线。

1995年1月17日发生的阪神大地震造成了神户市城市许多机构被破坏，城内有12万栋楼房倒塌，4500人死亡，受伤者14000人以上。不可否认，这场地震灾难给日本带来了重大损失，破坏程度与范围甚至超过了1923年的关东大地震！

为了让文化遗址建筑重现昔日的面貌，设计者们考虑的是建筑要再现景观新建筑的“新”，围绕在建筑周边的街区增加了相关的配套设施及建筑，如中华街饮食文化设施等新景观建筑。在设计与施工之中较好地结合了当地人文文化的特点，设计上力求保留原貌，运用现代先进的建筑材料加现代建筑技术，注重考虑抗震的设计，使关西地区的文化景点、重要的遗址再现于人们的面前。

在阪神大地震后，一些以“酒”命名的文化景观的新建筑的复苏，也一时成为当地赈灾后的时尚行为。传统木结构建筑的“酒博物馆”的重建引起日本建筑界的重视，在经历了阪神大地震后，在建筑结构设计施工技术上更注重抗震的性能。在设计上对抗震的构造结构，以及用材都提出了新的要求，在木结构建筑的基础之上增加了铁质、钢材的骨架结构，以应对地震的侵袭。应该说，在日本建筑史上，酒文化是十分发达的，在人们心目中也有非常好的基础与口碑。如“酒博物馆”就是一个例证，1869年建造的木结构建筑“大藏、白鹿纪念酒造博物馆”因地震后，木结构博物馆被毁坏。在灾后重建时，建筑师们在建筑构造设计上，除了保留原有的木结构建筑风格之外，在构造结构上增加了抗震能力的设计方案与技术，酒文化新建筑成为了日本建筑中别具特色的建筑形式。为了保留酒文化建筑原汁原貌的木结构建筑外观，在设计与造型上独树一帜，极具情调。根据江户时期的古建筑屋檐、楼阁、庭院、走廊、园艺等景观建筑，采用了原质木材构造的楼梯、梁柱等形式重现了旧时期的建筑新风貌。

在运用建筑材料方面，构建酒文化博物馆时，譬如在建筑的庭院四周，走廊的选材上采用了一些鹅卵石、方条石板铺设地面以增加一些原始的建筑面貌。用模具以增加建筑博物馆酒文化的气氛，打造一种酒文化的景观新建筑与特征。

在日本本土，木结构建筑本来就拥有渊源久远的群众基础，加之经过建筑师们的精心设计，木造的酒文化博物馆的景观新建筑在列岛上十分盛行。日本人钟情它，这种文化流传至今已经上升为重要的文化财产被日本政府或企业加以重视，加大培植与传播。

日本建筑界向新观念设计转变

> 采用玻璃材质建造的通透的大壁窗建筑局部

世界上许多的建筑师，都在建筑设计围绕“留白”的处理上费尽心机。在此，我自然想到中国一些地区的传统建筑艺术，想到客家人的“围屋”景观建筑。在围屋的上方天顶以圆形的天窗开口作为建筑中的“留白”，成为点睛之笔。

在现代日本新建筑中也提出如“开口”，即“开窗”，是设计一座建筑的灵魂之窗。这种“留白”是设计建筑独有的一种想象力的最好体现。

早在1937年巴黎世博会上日本馆的设计中，日本建筑师坂仓准三就较好地实现了这种“开放的设计”意识。在他的设计中将馆设计成通透开放的建筑样式，在当时堪称之为完美的“开放构成”。

不可否认，在这件馆楼的设计上，坂仓先生真正实践了建筑“开口”之设计思想。通透开放的空间构成，极好地利用了铁质的建材构架成一座装置建筑。透明的玻璃墙面与周围内外的风景融于一体。在当时这件馆楼建筑，让西方人重新认识了日本现代建筑艺术景观设计。从此，坂仓准三的名字也永远留印在世界人们的记忆里。

在日本建筑领域有几位颇具争议、前沿的建筑设计人，他们分别就建筑设计的理念、空间的“留白”等方面各自提出了鲜明的个人主张。建筑学者前川国男在“白之憧憬”中论证了自己对“留白”的憧憬、理解。他认为，在日本传统的建筑中多采取木结构为主的建筑样式与风格。数百年以来，一直成为传统建筑界的建筑形式。随着工业革命在日本列岛深入与发展以后，西欧式的建筑文化在日本全面地得到渗透与深入，在形式上，建筑设计越来越追求时代气息与前沿观念。建筑在原有的实用性基础上开始向时尚新奇的艺术观念转变。在建筑空间的设计上也有了“留白”之说，利用亮丽的建筑用材营造出“白色的世界”。

“留白”是一种新建筑景观设计形式，如发挥得恰到好处，它会成为建筑中最具特色的新亮点。在现代办公场所、公共设施的建筑中，多以白色体现开放、亮丽、洁净的空间世界。在居所的建筑中，留白与采用白色的建筑用材都能带给人更多轻松敞亮的舒适感受。或者说，对于白色的选择或在建筑空间中塑造“白色的世界”已成为当下的一种时尚，甚至是一种潮流。

在日本建筑师筱原一男完成设计的“中野本町之家”的建筑作品中，我们看到的是一座半圆形的白色建筑造型，这座建筑巧妙地利用居室内外白色的墙体再造了建筑中的神话——“洁净的建筑景观”。筱原一男是一位革新领军的前沿设计师！在日本建筑师当中，另一位设计师伊东丰雄，在他设计完成的“伊豆高原之家”的建筑作品中，巧妙地采用亮白的建材建造了这件作品。在建筑中，他把建筑室内的窗、门、过道以及天顶，设计成透光的造型，让室内的墙面全涂上白质的颜色，使居室通光透亮。大胆突破了日本传统建筑形式，诠释了他对建筑“留白”的理解。

这些经典建筑作品，足以证明建筑中的“留白”与用白质的颜色建造建筑，若发挥得当能起到点睛的艺术效果。

留白，也越来越成为当代建筑界深入探求的课题。建筑的“开口”与空间设计，如门窗、天顶、过道（入口、出口、透光、露天等处）的设计。这都与留白，利用建筑空间意义如出一辙。在日本许多重大的新建筑设计中，我们可以看到许多成功的经典之作，在设计处理这些“开口”及留白的设计上是倾注了大量的精力与心血的。

一些大型的体育场馆、美术馆、博物馆、图书馆、政府大厦、民航机场建筑，我们仍然可以看到那些点睛之处——空间的“留白”做得十分成功。在日本，建筑师往往把这种“留白”称之为“开口”即“开窗”。建筑的“留白”越来越成为设计者关注的重要方面。

尤其是建筑材料的不断更新发展，大量采用先进的建筑材料运用到今天的建筑中。如整体玻璃墙面、亮白的各类砖质墙和地面、室内选用的混合铅质建筑材料都大大充实于现代的建筑设计中。如果说，在设计建造一座建筑时，设计师能将“开口”问题解决好，建筑设计就成功了一大半。在建筑行业或许会有人认为，一位聪明的建筑师在设计建筑“开口”时，会全面展开想象的思维，让建筑物与外面的绿色环境相互呼应，进阳光、吸收空气，呼吸大自然。

事实也证明，在现代的许多建筑中恰到好处地利用了通透的开窗设计，较好地融合这种开放的设计意识而成为我们现代都市建筑设计的新趋势。

> 阶梯造型的建筑群

解读日本抗震的建筑结构

> 安藤忠雄设计建造的阶梯建筑

看日本的新建筑就要看它的结构设计。可以说，日本的建筑构造设计极其讲究，投入巨大，甚至可以用“奢侈”来概括其建筑施工成本的巨大投入。其工序严格的程度，先从结构开始谈起。为了应对地震，建造永久性的、抗震的建筑，迫使日本建筑领域不得不反复研发，推出十分有效的建筑技术与建筑设计。在此，各种优质的构造建材也随之产生了。譬如钢材中的各种构造线材大小不一，有板材、连接构架结构的接口配件、螺帽、钢管以及相关连的构架材料等。其造价极其高昂，生产工艺流程极为精细，这些大小型号的部件分门别类品种繁多，有应对各种级别的地震能力的用材。

由此可见，日本抗震的建筑技术与用材及施工，其严格的程度可以用四个字来概括：高、深、精、细。“高”指建筑用材造价高昂；“深”象征在运用技术中工序严格深入；“精”说明抗震的建筑用材品质精良；“细”反映了抗震的建筑工艺以及技术细致深入，每个环节环环相扣。同时在施工过程中对技术要求严格，各种建筑材料都是经过测试研制生产出来后而进行施工的。其工序流程技术含量高且精深，在建筑地基底盘时，目前日本采用了世界最先进的技术，以及运用了最具抗击地震能力的坚固的橡胶底盘构造结构。这些先进的技术，足见日本抗震的建筑各个环节构造细微深入，极好地体现了日本抗震的建筑技术整体水平处于世界最尖端的地位。

各类建筑材料的分类也很细，几乎都与抗震有关。可以说，在日本连一颗钉子都要考虑到地震的因素，特别设计成螺丝旋转型的钉子钉在木架上，是不会容易脱落出来的。只要亲临日本建筑工地参观施工的场景，就会惊叹，这些建设者们在施工过程中他们就像在做一件巨大的雕塑一般，按部就班、逐步深入，以致达到精雕细刻的程度。

为了了解日本建筑构造技术，我曾几次亲临施工现场进行过实地调查，发现日本的超高建筑达30层以上的建筑，在建筑基础上的投入是巨大的。在地下深钻环节中，结构坚固的地基投入了大量的人力、物力，以应对建造抗震的建筑。其每一个环节及所运用的每一件衔接的钢架与螺丝，甚至连一块基石混凝土泥沙的比例的含量与连接各部位的环节，都是经过反复测试与设计后才进行施工的。在地盘建筑基础做好后，往地面上构架大楼时，其建筑构造，一件衔接的钢架与螺丝的用材比例与大小，都是根据大楼的建筑层高的比例来计算设计的。

我注意到，每一道衔接相扣的部位，以及楼层的结构设计都围绕抵抗地震而进行了严格实验。在大楼的每一处钢架衔接处，为应对地震采用锁定交织型的螺丝加固，强化钢结构在地震发生时反复震动时增加它本身的坚固性。这种建筑结构技术进一步增强了抗击地震的能力，以减少灾难带来的损失及加强了民众的安全系数。由此说来，在日本造一栋楼的造价是目前中国国内的数倍。日本的建筑从结构上，就首先考虑到建筑施工技术以及建筑本身的成本，在设计与施工过程中不断更新技术。

我们又不得不承认这样的事实，在预防地震抵抗地震以及应对地震方面，日本从政府到民间普及程度深入人心。对一切高层建筑制定了配套的法律条文，规定凡超高建筑要求施工承建者符合政府所制定的抗震技术和技术鉴定要求。一般情况下，当所制定的抗震技术和技术鉴定未获批准时，施工方是不能随便进行施工的。为了强化这项法律条文，对在建筑设计、建筑施工与建筑结构等相关的各类直接参与者均有严格的要求。譬如一些抗震防火的各类材料均要经过严格的审查才能投入市场。由于有这些铁的法律条文和得力的措施相应推出，使得日本的建筑行业对抗击地震的建筑技术推陈出新。这包括日本国内生产研发的有关建筑行业的建筑材料，建筑物质均与抵抗地震，抗震强度紧紧相关联。

> 安藤忠雄设计建造的建筑。设计风格简约、造型现代、成为当今日本建筑艺术中另一道风景

从构造设计的美学中看建筑

> 采用现代的材质、交织的构造以及混凝土结构的建筑，成为现代体育场馆的一种潮流（东京后乐寮体育馆一角）

其实，我们看日本新建筑，最关注的依然是它的造型。建筑的造型艺术，是由不同的结构法和构造形式组成的。当下，我们要了解日本的新建筑依然不能忽略构造设计这个重要环节。有时，我在观察一位设计师时，同样也关注他的造型设计观是如何日积月累形成的过程。作为造型艺术工作者，我以为，人们对世间物象的理解方式各自有别，一种能够捕捉瞬间意象造型的能力对建筑的美学理解就会不同。

一位日本建筑学家撰文指出，近代关于建筑空间构造的发展始于17世纪后半叶，随着产业革命和工业化的发展，诸如城市住宅、公共设施的大规模兴建以及各项大型商业、体育、音乐等盛会的举行，如19世纪的世界博览会和1896年的奥林匹克体育盛会，为建筑领域提出了新的课题，提供了许多发展空间与设计构思，结构性新建筑形式应运而生，造就出许多举世闻名的建筑物。

（一）多种结构的建筑设计

日本建筑的构造设计，包括有柱梁结构、空间结构、分体结构、折板结构、牵拉结构等形式，不同结构的设计运用，对建筑本身而言就是一次次大的突破。“柱梁结构”对日本传统木结构建筑影响很大，它利用力学相互作用的原理，运用交错、对称结构形成三角形或上下对称式来分散支撑力量，形成坚固的建筑。

有的日本建筑学家认为，柱梁结构犹如整个建筑物的脊梁支柱。这种结构多用于桥梁、大型会议礼堂、政府机构大厦等综合性的大型建筑。实践证明，柱梁结构一旦与现代建筑技术、新型建筑材料结合运用，在遇到地震、强风的侵袭时具有较强的抵抗能力，是一种值得推广的构造技术形式。

“折板构造” 是受数学原理中几何学的启发而产生的。在设计师手中，通过运用一张白纸折叠成各种造型的建筑模型，逐步形成新型建筑形式的雏形。在此基础上，几何体建筑造型，包括S形、C形、弓形、弧形、工字形、亚字形、凹形、凸形等各种结构形式应运而生。设计师运用这种方式不断开拓自己的设计思路，展开新的探索途径，日本建筑界掀起的这种构造设计风潮也一直方兴未艾。

随着世界建筑艺术的发展，当代许多大型的体育馆、会议中心和金融、政府大厦等综合性建筑物越来越追求创新意识，在设计、施工方面高难强度也越来越大，“空间结构”的构造形式运用当代先进的工业技术和尖端的新型材料挑战了这一极限。如2008年的北京鸟巢体育场即采用这种“空间结构”建造而成。

与此同时，以简易、省时、省材为主的“牵拉结构”设计在大型体育馆中的运用也非常普遍。这种构造形式采用铁质钢架、金属膜等现代建筑材料，在节能和资源循环再生利用等新技术的推行下，在建筑形式上不断推陈出新，成为当代日本建筑领域新的亮点。

1964年，在东京代代木公园附近，由日本著名建筑师丹下健三设计建造的奥运会体育馆场馆建筑，就是典型的牵拉结构的建筑形式。

牵拉结构对连接用材的柔韧度、地基结构的要求，包括对空间的构筑与利用，甚至外观造型都极为讲究，施工难度非常高。世界上一些重要的牵拉结构场馆设计的建筑就是最好的例证。在运用这种牵拉结构的建筑技术过程中，各种与牵拉构造关联的电缆建材也随之应运而生，其生产技术发展飞速。优质的钢质细小的电缆线材通过压缩技术的处理，具有张拉延伸的特点，能向上、下、左、右等方位张拉延伸，具有耐久性。

随着建筑技术的发展，这种结构方式逐步运用到现代建筑上并发展成为了永久性的设计形式。在日本现代建筑史上，采用牵拉式结构的建筑，有始建于1977年的“西日本综合展览馆本馆”和1991年的“天城场”、1992年的“出云场”、1994年的“关西国际机场”、1995年的“先端材料科学中心”、1999年的“爱知劳灾新会馆”、1995年的“世博会场”、2000年的“埼玉大型超市”以及2001年的“山口体育场”等等，它们无疑已经成为了日本新建筑中不可或缺的经典作品。

> 日本电视台主体大楼

（二）实验型的建筑设计

明治维新以后，日本建筑界拼命汲取外来文化，开始脱离“正统”的美学观念，一种突破传统、强调主观意向的“实验美学”观开始在建筑领域出现。这种“实验美学”观，使曾经被视为离经叛道、不可思议的实验性景观建筑，逐渐被人们认识与接纳。这种实验性的建筑无论在建筑结构还是在建筑形式上，都是超出精神层面之上的，它们通过设计的极限与技术的有机合理利用来完成从设计到建筑施工的全过程。其非合理性的离奇与传统古典主义美学观相对立的形式，均打破了人们常见的那种“平衡”感，被日本建筑界称之为对肉体、精神、物质经验的大转变。譬如，流传至今的京都车站的建筑景观就是实验型的代表建筑之一。

又如，根据日本传统建筑理念，木结构建筑一直以来备受人们青睐，也正是这种文化渊源使日本人对木结构建筑艺术情有独钟。为了环保的需要，也为了传统建筑艺术的延续发展，木结构建筑形式成为日本建筑学界极为关注的课题之一，并成为实验型建筑师创作与建构的重要课题。如京都大学工学部教授、建筑师高松伸先生通过数年来的研究与考证，创造性地提出并完成使用木质材料建造百米高建筑的设想。他的具体方案是运用木材、竹质材料混合，并在中间环节以及衔接处增加一些相关的材料如铁板、钢筋等复合运用与连接，以增强木质材料的坚固性。

日本新建筑之所以发展迅猛、成为我们视线中的景观，不可否认，是因为它创造了许多惊天动地的建筑奇观，更因为它有一批又一批敢于创新的建筑师的缘故。

（三）看建筑艺术中的力学美

在日本建筑师吉阪隆正的观念中，建筑是依靠形的力量支撑物体，而又在空间中借助风的阻力相互影响构成的。无论建筑设计成什么形状，都离不开形的力量与空间形体力学构成原理。在建筑的基盘上构架起什么形状的景观建筑，首先是要依靠力量的支撑与平衡，这种平衡就是建筑形体力量的平衡。

形的构成与组合依赖于力量的平衡。空间之中的力量，依靠空间的相互呼应产生依靠的关系。就如同一个简易的牵拉帐篷，依靠四个方位的力量支撑点，使之牢牢地固定下来。这个平衡有空间的力学原理，也有形的力量源泉。

无可争辩，大师的观点是正确的。在现代景观建筑造型设计中，形的变幻是

> 安藤忠雄设计建造的建筑

无穷无尽的。譬如“Y”字形的一座景观建筑设计，它依靠Y字底端的力量得到平衡后，通过平衡支撑点的力量构架起Y字造型的建筑。这一力量之形，又成就了一座了不起的建筑。不管面对任何形状的造型建筑，设计师首先想到的是建筑物力量的平衡点并由此得出正确的估算，然后进行他们的建筑设计工作。这是设计师的成功的发现，也是对美的发现！

建筑师吉阪隆正的观点也说明，以形为力量创造美、创造建筑的奇观是有一定的科学依据的。

在当代，具有象征意味的城市建筑中有许多被称之为“不规则”的造型建筑，设计师将其设计列为“空间”与“形”的建筑。譬如我们所见到的以“S”、“菱”、“工”、“Y”、“A”、“B”、“人”、“M”等字形的奇形建筑，可称之为设计的奇观，建筑的奇观、这些建筑已成为现代城市中最亮丽、独特的视觉艺术景观！

关注20世纪日本记忆中的建筑

> 大师安藤忠雄设计的作品

用日本建筑师平良敬一的话来概述似乎十分形象。他说，“评定20世纪日本记忆中的建筑，应以近现代建筑观念或建造技术为凭，才是相对较为准确地衡量我们记忆中的建筑的成败标准”。

平良敬一，一语道出真理。他非常深刻地指出，日本建筑领域处于20世纪30年代时，接受欧风的影响，对建筑设计、建筑材料以及建筑技术进行了一场大的革命。美国、德国的建筑师在日本传授技术，有力地推动了日本建筑艺术的发展，也带动了日本建筑师的创新意识，对推动日本建筑界掀起的一股“洋风”潮起到了很好的作用。

“洋风”潮对推动日本建筑业的发展注入了生机，从此掀开了日本近现代建筑工业技术革命的新思潮。其表现显著的方面体现于20世纪60～70年代，这是日本战后建筑领域发展的黄金鼎盛时期。观念的不断更新、建筑形式的多样化，有力地推动了日本建筑领域高速度的发展以及技术上的提高。以这一时期的剧场、体育场馆、展示馆以及大型的公共场所的建筑设施为例，不难看出，包括美术馆、公民馆、车站等场所在内的建筑都是受其影响的。

第二次世界大战之后，日本经济高速发展，已从一个农业社会形态向产业社会形态转变。这时，欧美思潮占领了日本建筑界的前沿阵地，建筑设计形式向新奇、现代的建筑形式转变，建筑景观趋向更阳光、更透明，这就是美、奇、新的多样性的设计风格。在建筑界涌现出一批又一批颇有造诣的建筑师和他们的建筑作品，成为20世纪日本记忆中的历史建筑。

翻阅20世纪日本记忆中的建筑

土浦龟城邸（建于日本第二次世界大战期间，由于当时处于战乱年代，材料匮乏，资金紧张，在施工过程中以本土的资材和技术建筑而成），设计人：土浦龟城，所在地：东京都目黑区。

同润会公寓（建于1926年，由同润会设计建造），整座建筑以混凝土结构建筑而成，是日本建筑接受西洋建筑技术影响的标志性代表作品。

秩父中心第二工厂（今太平洋中心，建于1956年，由谷口吉朗设计，建设共同施工方建造完成），所在地：埼玉县秩父市。

小营刑务所（今东京拘置所厅舍，于1925年建成），其风格以西洋式的石材混凝土结构、开放的建筑造型设计，全面展现了近代日本建筑受西欧产业以及工业革命的影响，在设计理念及美学观念上追求时尚与现代之风，充分展现了近代日本建筑文化观念的发展。所在地：东京都葛饰区。

庆应义塾幼儿所（建于1937年，由古口吉朗吉及曾祢中条建筑事务所共同设计建造而成），所在地：东京都涉谷区。

宇部市民会馆（现宇部市渡边翁纪念会馆，建于1937年，由村野藤吾设计建造而成），所在地：山口县宇部市。

日土小学校（建于1958年，由于这一时期日本的建筑界开始投入资力在扩充与建造公共场所的建筑，如会馆、学校、幼儿园等场所建筑，这座小学校的建筑也是日本传统与现代建筑形式的完美结合），设计人：松村正直，所在地：爱媛县八幡溪市。

住友本店（现住友大厦，建于1926年），所在地：大阪市中央区。

东京中央邮电局（建于1931年，由吉田铁郎设计），所在地：东京都千代田区。

广岛和平会馆（建于1955年，由丹下健三设计建造而成）。

香川县厅舍（建于1958年，由丹下健三设计建造）。

听竹居（京都府乙训郡大山崎町，建于1928年），由藤井厚二设计建造。

群马音乐中心（建于1961年），所在地：群马县高琦市。

八胜馆“御幸的住宅”（建于1950年，堀口捨已设计），所在地：名古屋市昭和区。

国立屋内总会竞技场（东京都涉谷区，建于1964年，由丹下健三设计）。

神奈川县立近代美术馆（神奈县镰仓市，1951年，由坂仓淮三设计）。

这些印记着历史和社会变革的建筑成为近代日本建筑史上的一道风景，也是一笔珍贵的文化财产，为我们深入了解日本建筑的历史与发展过程提供了极为珍贵的文献资料。

日本美术馆建筑设计艺术新探

> 东京都立美术馆

在日本众多的公共建筑中，美术馆、博物馆等景观建筑是一处难以从我们视线中移开和忽视其魅力的风景地。特别是在当代，像美术馆、博物馆这种“大众建筑”是时代的需要，是不可或缺的文化建筑产物。它是一个国家或一座城市历史文化经济实力的象征。关于如何进行设计建造，投入多大资金和设计力量的问题，已经成为日本从政府到企业极为重视的议题之一。

多年以来，我为探寻美术馆、博物馆的建筑艺术，走访了日本不少的大中小城市，颇有收获。我发现，日本建筑界为了完善这项公共文化设施的景观建筑，费尽心思，从日本本土到海外聘请了不少成就卓著的建筑师参与项目设计，极力地推行着这些巨大的文化工程的实施。竣工于20世纪50年代的“日本国立西洋美术馆”是一座融合近代建筑工艺和西洋建筑技术的经典建筑。从它的“身上”我们可以考证50年代日本建筑风格和第二次世界大战后的复兴时期，建筑工业与建筑技术发展的轨迹。1979年日本政府又对该馆进行了重新扩建与装修，在日本近代美术馆、博物馆的建筑史上留下了一个令人记忆深刻的景观建筑。

透过这一现象，我们看到美术馆建筑不同于其他一些公共建筑的地方，严格地讲，大众对它的期望值远远大于其他任何一种建筑形式。因为美术馆或博物馆这类大众建筑文化项目有巨大的社会属性，建筑师对其投入的设计力量也同样巨大。它既是一种文化现象，也是一个设计视线。有人说，它是建筑师与技术工程师加装修设计师共同的劳动和艺术智慧的体现。

让我们翻开日本建筑史上一些重大的美术馆建筑项目就能看出，譬如把国立西洋美术馆与当下被日本称之为最具时代特色的横滨美术馆相比，足以说明特定的历史时期会产生特定的建筑。似乎时间与观念的巨变是造就建筑设计艺术的重要因素。而这种建筑文化艺术的特质恰好体现了不同的历史和观念之下产生不同的设计师或建筑一样。

每次我走过东京国立西洋美术馆前，抬眼望向那座印象派设计大师完成的美术馆新馆时，总会强烈地感到那是历史、时代与空间所赋予建筑师们的最大的使命——它真的体现了现代日本建筑进入了一个崭新的观念与设计变革的时代。

于1993年兴建的美术馆新馆内增设了策划展览馆，以收藏品常设展览为主。在设计上以开放式的视角，方便于主客为目的，完全把观众视为中心和展览馆中的主体，如在周边环境中特别让展览馆与公园连成一条相通的走廊，给主客——观众留出了一片空间，给视觉空间留出一道空白地。在策划展览馆内设有收藏库、修复部和雕刻室、化学物理研究室等诸多部门，进一步完善了美术馆管理机制。在建筑结构上尤其对室内采光、防灾设施投入巨大，一些细致的设施配置也花了不少心血。譬如一些壁面采用透光的玻璃作为幕墙体，既使展览厅光亮通透又与外部绿色环境相互映衬，给人更明亮舒适之感。在展览厅另一个景观中如转角处设有观众休息的各式椅子，可供老少观众使用。在走廊与展厅之间配置了相应的设施，如购物、饮食、娱乐、休闲、休息等诸多场所，使展览馆更具人性化，令人回味无穷。

用建筑师藤森照信的话来说，日本当代美术馆建筑应该在空间与留白以及采集日照自然光源的设计上下功夫。像美术馆或博物馆这样的建筑工程好比在完成一件永久性的装置艺术作品一样，需要投入巨大的心血。特别是在设计展厅的空间、柱子、走廊、门窗等细微的环节处下功夫。他说，这些方面做得到家，美术馆内外相联的立体效果和建筑本身的魅力就自然而然体现出来。美术馆的建筑，特别在展厅的设计上要突出作品的效果。而为了突出这一效果恰好依赖室内的墙面变幻、光源以及建筑物本身的构造形体方面出新花招。在造型设计的变化，以及空间上得以体现的。

因此，藤森认为展厅的设计可以长方形、棱复合形、正方形穿插多面型展厅以及旋转长廊型的展厅等形式改变空间。另外从多种墙面加采光突出其作品展示效果。在空间设计上，可以从展厅的空间里大做文章。譬如天井的采集光源通过放射状的效果使展厅的中央部位与连通的走廊，东、西、南、北等类似的展厅产生相互呼应的光源效果。同时在设计上，也可运用凹凸型的展厅造型，这样使展厅的空间变化更加立体化。这符合当代美术馆和博物馆设计的新理念或新方法。

在美术馆的结构与装饰上，藤森提出了采用大理石材质的砖面装饰增加室内的反光效果，能让展厅的自然光、灯光具有汲取大理石材质光线的作用，以此烘托室内的亮丽空间、反衬展厅的陈列品，以达到和谐统一的光源效果。这些因素成为美术馆的建筑设计中不可或缺的元素。

关于明与暗、白与黑的处理，以及展厅的空间与留白等方面，藤森均阐述过个人的观点。他认为展厅的明与暗，即白与黑的这两种性质截然不同的色彩是创造建筑空间景观的最佳元素，如果有意识地加以适当处理能收到意想不到的效果。譬如展厅的走廊转折点、展品的储藏室中增加一些看似不规则的道具，能从这些人为的因素中突出室内空间的立体感以及美术馆景观的整体结构效果。

有关建筑物件中的材料

众所周知，构筑任何一座不同形式的建筑都离不开它最原始的物件——材料。在建筑中如何合理地运用材料，合理地开发材料，结合现代的设计与技术使用材料，已成为当今世界建筑业界广泛探索的课题之一。

为了减少对自然环境造成更大的污染，当代日本的许多建筑项目已将开发建材、推广新的技术视为重要课题，提出采用天然用材、再生利用可循环使用的建筑材料。为了减少对环境的污染、负荷，注重资源的循环和再生利用，促使日本建材界不断更新，推出像石灰石、黏土酸化铁等原料，充分利用与开发这些对环境污染少，又能循环利用的可再生资源，在建筑中创造了建筑奇观！

> 安藤忠雄设计建造的建筑

构造建筑离不开它最原始的物件——材料

在我着手动笔写此书之时，
一个有关建筑材料的话题不得不让我重新思考如何布局这本书的整体框架。
尤其是当代日本建筑艺术在材料的使用上，有许多话题值得我们去探讨。
从所周知，
构筑任何一座不同形式的建筑都离不开它最原始的物件——材料。
在建筑中如何合理地运用材料，
合理地开发材料，结合现代的设计与技术使用材料，
已成为当今世界建筑界广泛探索的课题之一。

> 通过弓形变幻的过道，富于创意的构造设计再现了建筑视觉空间（安藤忠雄的作品）

视点1，探索新的建材

随着科技的快速发展，带来了一系列人类社会的问题，譬如环境污染、自然生态保护、气温的调节、自然灾害预防、能源的再生利用等，都成为当代建筑师关注的重要方面。多年来，日本在此已取得了令人瞩目的成就，也为我们提供了可供借鉴的经验。

从历史到现状来看，人类社会科学技术的进步，带动了多方面产业经济的发展，如使工业化电器产品大量流向市场，各种建筑材料的开发、普及与运用造成天然材料与人工材料大量充斥市场，工业化的进程加重了对社会和自然环境的干预。如工业化的产品消费产生了大量废弃物造成了对环境的污染，为应对这种污染，日本在建筑材料的研制方面，率先应用了节能环保、防火耐火、防震抗震、隔热以及吸声、遮声强等建筑材料。为了减少对自然环境造成更严重的污染，还在建筑项目中相继推出了许多重大的新技术，如提出采用天然用材、资源再生可循环利用的办法等。

日本建筑业界对此积累了许多宝贵的经验与先进的技术。如为了应对资源的枯竭，提出资源循环可再生利用；为了应对大量热带森林的减少、工业化的建材开发、产生废弃物对环境的严重污染、大气污染、建筑用材中金属材料的腐蚀、混合材料的劣化、地球温室化的加剧、大量有害的工业化学垃圾的排放等一系列问题，采取了研发及应对这些问题的节能环保型的建筑材料和对应技术。

譬如在建筑用材的技术开发上，为减少工业中的化学用材对环境的污染，在油漆涂装的基础上改进和推出对人体无危害、无刺鼻气味的壁纸，或采用树脂可塑剂及接着剂、溶剂、防虫剂、防腐剂等用材，大大减少了对环境和人类的危害。

视点2，减少建材对环境的污染

为了有力加强与推动建筑材料的环保意识，1997年，日本政府厚生劳动省（卫生部）也作出明文规定：在建筑材料的开发与利用上，有造成对人类和环境有污染的用材实行严格禁用。对一些有害的化学工业用材，也有浓度指标规定，凡超过浓度指标的用材均严格禁用。至2002年又明文指出，有30种化学物质含量超标的建筑材料实行禁用等措施。由于有政府的明文法律有力制约，以及业界的积极投入大量力量开发与应对技术，数十年中，日本建材业界取得了骄人的业绩，为世人瞩目。

为了减少对自然环境造成更大的污染，在当代，许多建筑项目已将开发建材、推广新的技术视为重要课题。提出采用天然用材、再生利用、可循环利用的建筑材料。为了减少对环境的污染、负荷，强化资源的循环和再生利用，日本建材业界不断更新推出像石灰石、黏土酸化铁等材料，充分利用与开发这些对环境污染少又能循环利用的有生资源。在建筑中创造了建筑奇迹！

运用石灰石通过高温炉的焚烧变黏土（黏土中含酸化铁原料），焚烧1400摄氏度以上，原料的余热通过冷却机利用废热的活用加热法引入，形成湿热减排量大大减少，对节约消耗能源等方面开创出一条既节能又环保的创新之路。

如何利用好一种材料以在建筑中充分发挥其作用，日本专门建材商和研发部门经过长期的研究与实践，在利用天然材料或人工材料的两大技术上，不断推陈出新。譬如，根据天然木材的用途与加工研制生产出来的合成木材被用于建筑施工中。

在环保、防灾等性能方面也采取了许多相应的技术与对策。在涂装、防水、防火、

> 东京都西洋美术馆前的雕塑

隔高温等方面研发生产出系列混合建筑材料，也表现十分突出。在结构材料上，如对房柱、屋梁、天花板、墙壁等结构建筑材料更有诸多方面的研究。

视点3，加强建材抵挡灾害的性能

由于日本处在多发地震带，故对建筑结构材料的研发投入是巨大的。目前，日本对结构材料的选用以及材料在应对自然灾害的抗震防灾方面的研发，投注了相当多的精力。如对钢铁、木材的强度、刚性、韧性就颇有研究，以确保建筑结构的坚固性。在研发生产过程中，还对这类材料进行了耐火、防震、耐热等诸多效能性的测试。

以铁材、钢筋、混凝土构筑的建筑，是日本建筑形式的主要组成部分。在结构与连接方面，主要采用铁、钢材加水泥砂石构筑而成。这种结构由复合式、坚固耐用的墙壁、屋梁、地基等结构形式构筑而成。在连接部位的配套材料方面，日本建材界也下大力气进行了研发生产。譬如，构成的配件有各类钢管材料，分为圆形、被覆盖式或充填型等。在现代大型的建筑项目中，日本建筑界愈来愈注重对建筑结构的主要用材进行研发生产，以加大抗击自然灾害的综合性能。

日本在房顶建材的研发上也下了很大的力气，以应对抵挡雨、雪、气压、日照等气候环境的影响。在隔声、隔高温低温、预防抵挡自然灾害的侵袭等方面，不断推出新的技术与防灾措施。

对外墙房顶的建材等相关混合材料的研发，有合成金属系列的合成材料、植物系列的石材、合成高分子系列建材等。有和瓦、钢板（经表面处理）合成铝合金、黏板岩等材料。

在钢材研发与建材生产方面，日本建筑业界对钢材的耐火、防腐、抗震以及高温、低温下塑性加工等工艺尤为重视。这种加工生产出来的钢材在重大的工程项目中发挥着重要的作用。

视点4，新建材不断推出

木材的加工生产是日本建筑用材中又一个不能忽视的方面。由于日本木结构建筑非常普及，民宅多以独体别墅为主，木结构建筑市场由来已久，一直占据着相当大的市场份额。同时，市场对木材的要求也非常高，所以，日本木材加工技术一直位于世界最前端。

将木材作为建筑材料，日本有着悠久的历史，长期的经验和技术，尤其在面对全球资源极端紧缺和节能环保的新技术方面，木材加工研制生产也相继演变成多种形式在建筑施工中产生效应。如木结构建筑的主梁、结构材料通过加工生产成合成板在各种天顶、墙面、门窗等各种场合使用，生产技术在不断地更新发展。

各种质地的材料均被开发生产。譬如树脂、盐酸化的合成材料、铝合金的混合材料，具有防水、耐高温、长久性的功能，通过酸化加工后，运用到现代建筑中并发挥了极佳的作用。石材、铁、钢、合金高分子材料以及混合加工生产的如可塑性、树脂等建材，这类材料防水、防火性差，在使用上注意调节使用。有机性能的材料，如涂料有油性涂料、合成树脂涂料、防火涂料。涂装和防水、防

> 银座街，运用现代材料装饰的店铺

火、防腐、防灾的各种建材。

在现代建材技术革命中，合成建材的生产有力地缓解了木材紧张的局势。通过研发合成树脂建材，使用范围非常之广。它的效能也非常特殊，经过现代技术的研发其具有抵挡腐蚀、防潮湿、耐高温等作用。在木材资源极为紧张的情况下，加工生产压缩技术处理的树脂材在某种程度上填补了木材的紧张。据了解，树脂材这种用材的最大特点是经过膨胀、酸性处理后具有防水性、防朽性、防蚁性等诸多功效与特点，常用于室内的一些装饰项目中。

值得一提的是，当今建筑中被广泛使用的玻璃建材，通过各种技术的开发与加工生产，使其具有抗震、耐高温高湿，以及抵挡抗击风险等诸多功效，成为现代建筑的主要的建筑材料之一。玻璃建材作为外壁的外墙、阶梯以及加工成如家具、门、窗等各类物件，在现代建筑中发挥着巨大的作用，成为了当代建筑施工的主要的建材。

随着现代科技飞速发展，建筑材料的新技术、新品种也在不断研发与推出。面对这种不断革新的趋势之下，身为建筑界人士，如何去适应这种变革，是摆在我们面前的难关和课题！

> 开放式的大壁窗的设计

（一）第二次世界大战后，建筑界展开新的“建材革命”

我们若想走近日本建筑界或了解日本建筑艺术，需要像当年的日本人向我们中国盛唐时期取经一样不畏艰难涉水重洋虔诚地向西欧学习“近代文明”。好的东西和好经验不管出自何处、何人，都值得我们借鉴、吸收与再研究。

在近代日本建筑技术史上，对于建筑材料的引进与开发，经过了多次的探索与变革。最初，一直以传统的木质建筑材为主，随着后来的发展，建材发生了很大的变革，但木结构建筑形式仍然在日本国内有着广泛的发展与市场前景。

在我眼前很快出现这样的画面，400余年前的日本随着倒幕，实行“幕府开国”、“明治维新”的社会变革的开始。西洋的文化全面渗入日本列岛，这其中，包括建筑材料的技术革新过程。

在当时，建筑师们为探索与引进加工生产技术以提高本国建材的生产水平。在建筑结构技术上，研制开发出的混凝土的新技术。利用铁质、钢质的建材构成，较好地营造出超高层的建筑神话！

在当时，日本建筑界运用这种混凝土结构的建造技术，并结合传统木结构建筑技术的发展，广泛、多样地发挥出建材自身的特点，创新地推出了综合构造的建筑艺术形式。

譬如1958年建造的“东京都世田谷区民会馆”、1961年所建的“群马音乐中心”、1955年所建造的“广岛和平会馆”、1958年建造的“香川县厅舍”、1960年建造的“仓敷市厅舍”等建筑以及建筑大师安藤忠雄设计的“熊本县立装饰古坟馆”都成为了近代日本建筑史上经典之作。

在新的建材利用与技术研制过程中，日本建筑界不断更新，锐意进取，其发展势头呈现一派大好生机，也涌现出一批颇具影响力的建筑师和建筑材料工程师。他们在运用与开发新材料、新技术方面，取得了辉煌的成就，成为世人关注的目标。被日本政府列为“战后12座近代重点文化遗产建筑”值得我们关注。

譬如坂仓准三设计建造的“神奈川县立镰仓近代美术馆”、村野藤吾设计建造的“广岛世界和平纪念圣堂”、前川国男设计建造的“神奈川县立图书馆·音乐堂”、丹下健三设计建造的“津田塾大学图书馆”、大江宏设计建造的“法政大学”、白石建设设计建造的“圣阿罗巴教会”、前川国男设计建造的“晴海高层公寓”、松村正恒设计建造的“日土小学校”、国方秀男设计建造的“关东违信病院”、前川国男设计的“东京海上大厦特亦库本馆”等12座著名的重要的遗产文化建筑项目成为日本建筑史上最耀眼的建筑景观。

在这些经典建筑中，我们可以看到建筑师们充分发挥了各自的想像力，较好地运用了建筑材料的特殊性，设计并使用这些建材在建筑中发挥作用。譬如坂仓准三的“神奈川县立镰仓近代美术馆”的建筑，就运用了开放的设计方案、舒展的视角，使用了颇具特色的建筑材料，给观众一片崭新的视觉空间。整座建筑突显出日本现代建筑设计风格与创新意识，使整座美术馆建筑在空间设计与外部环境的营造相呼应，相融合的设计思想发挥极致且恰到好处，达到了极佳的艺术效果。

而另一座由村野藤吾设计建造的“广岛世界和平纪念堂”的建筑，在观念与材料上也是一次大胆的革新与实践。抽象几何形体构成的视觉空间，现代的建材展现了这座具有纪念性的现代建筑的全新面貌，开创了日本近代建筑史上一个崭新的设计时代！这说明在日本建筑界，建筑师们对建材的利用，在观念上发生了很大的变化，这与他们身处的时代也有着密切的关联。无论以建筑师坂仓准三的构成精神，还是吉阪隆正的多种力学的建筑观念，当代的建材在世界建筑领域的重要性，具有无穷无尽的发展空间与市场潜力，对于当代世界建筑行业都是一次挑战。如何深入探索建材工业，有待我们建筑行业去深入研究与探讨！

我们发现，对于当今建筑设计形式或古、或新，构成建筑的主要元素依然是建材。建筑材料的推陈出新仍然是未来社会的重要课题。

在材料的选择与运用方面，近代日本数十余年之中经过了多次革新研发，为日本也为世界新时期的建筑发展留下了一笔重要的财产。

（二）建筑材料的发展与推广

当今，我们在探讨建材的话题之时，依然不能忘记古往今来都如此，我们考证一座建筑不仅要看它的构造形式，也要关注它的建筑材料的运用与技术。数百年前，过去欧洲的建筑为我们呈现了一个立体的多彩空间——哥特式古典教堂、剧院、竞技体育场馆、博物馆等建筑形式，这些建筑形式更加完美地展现了近代建筑工业技术与建材发展的面貌。见证了世界建筑技术和文化的渗透，无论对日本或是对中国都无疑是深刻的启示。

远古时代，当西方人知晓铁是结构建筑构造技术中最佳的元素时，在15至16世纪，西欧古典建筑广泛运用铁艺、石材等现代建筑材料。1779年英国率先采用钢铁结构的建筑技术创建了铸铁石桥的建筑结构形

> 采用坚实的石质建材建造的建筑局部

式，由此拓展了这一项技术的发展。1889年，伦敦再次召开世博会，兴建的建筑如铁质建筑材料与玻璃材料的开发利用，又一次为建筑领域的创新开创了先河。

日本建筑界进一步汲取这一先进的技术，开启了一扇大门。在建筑上，增加了石材与其他材料的混合利用与组合。譬如石材、泥砂土质混合材料的使用，随着近代工业革命，钢筋、水泥、混凝土结构的建筑形式在日本列岛得到了普及与推广。

随后，日本建筑领域开始了新一轮的建材工业革命，大量吸取了欧洲的建材工业技术，从而拓展了本国的建材技术的大发展。譬如炼铁、石灰砖瓦烧制技术、铸铜等技术在本国得到了全面的推广。又如造桥技术以及混凝土结构的建筑在日本本国兴起，成为当时日本城市中令人注目的城市景观。

当我们再度重读日本建筑材料技术革新的篇章之时会发现，日本建筑形式、建筑结构百态萌生，伴随着建筑材料及建筑技术的发展，钢结构的建筑艺术促进了建筑形式向新的发展注入了新的活力。特别是随着产业革命的推进，日本建筑技术跻身于世界先进国家行列。建筑领域对材料的要求，对建筑物本身的构造方式进行了新的技术革命，新的建筑艺术的兴起为建筑材料提供了广阔的发展前景。

在我们关注的建筑材料与建筑文化可以延伸更广更深。一些设计新奇的拱形的各式天棚、弓顶、弧形、半弧形的建筑更需要新奇的建材。当我们看到变换奇异的建筑构造时，这些用材奇妙的拱形、壳体弓形、鸟巢形、曲面半圆形等形状的建筑大大拓展了建筑技术的发展与材料的利用，也将建筑技术推至一个更加崭新的高度。

譬如铁、钢筋、水泥的混合利用所建造的壳体建筑与古典主义、新古典主义、现代主义建筑形式的多样性推动了建筑材料、建筑技术的全方位的拓展。让人们看到另一种城市景观——百态萌生的日本新建筑以及新奇独特的建筑材料的发展前景。

（三）建筑材料的妙用与艺术

作为同是从事造型艺术的人，我看一座新建筑时，最关心的莫过于这座建筑的构造形式或建筑用材的整体视觉艺术效果。也就是说，感官材质的视觉艺术是通过建筑感官材料的妙用来实现的。

每次，我在日本收看一个有关介绍建筑设计的电视节目时，总会特别留心节目主持人介绍这些节目中建筑师对建筑材料的妙用。为突出节目表现建筑师在完成“节目”的过程中，具体介绍了如何运用材料的高超技艺。我观察到，日本新建筑在此基础上，如何研制开发建筑材料已是日本建筑界的一个重要课题了。

视线之一，我特别注意到，在20世纪70年代日本建筑界对玻璃的使用仍然停留在消极阶段，进入80年代以后，玻璃作为建筑材料重新被建筑界人士重视起来，并在一些超高建筑上开始使用这种经过加工改进的新型建筑材料。进入90年代，日本建筑界对这种建材进行了大规模的开发与技术研究，并将其大量应用于高层建筑中。

譬如对一座玻璃幕墙进行技术熔化加工后以增强其强度性能，在安全上也通过加工增强玻璃内部凝固性使之具有“自爆”性能。日本相应地引进了欧洲与美国的建筑技术并结合自身的技术，在玻璃抗载重负荷的强度上推出了新的技术。同时，也研制开发出将玻璃两层组合，通过印刷着色施工增加夹合以及润光的作用与功效。

在20世纪50年代，日本建筑界对玻璃隔热技术处于尚未得到解决的一种状况。直至60年代，日本建筑界使用太阳光热辐射的热能通过玻璃上传导的热量，凭借反射热量采用映像调整的方法，将玻璃吸热的作用代替太阳光遮热技术的研发，从而解决了隔热的技术。

譬如1974年建于东京新宿“三井大厦”的超高建筑，在使用玻璃建材上就推出了这套玻璃遮热隔热的技术。又如1984年建造的“大和生命大厦”等两处高层建筑所采用的大量玻璃材料作为外墙壁面，也运用了这套玻璃隔热断热的技术。遮热是凭借复层玻璃太阳光热吸收的作用开发研制出来的。到了90年代中期，日本在高层建筑中大量采用复合玻璃并以遮热、隔热、散热的技术进行推广与运用，收到了显著的效果。同时对玻璃的使用寿命的技术研发也相应推出了新的技术。

20世纪中期，日本建筑史家杉本俊多曾提出，20世纪60年代中期的日本建筑领域开始受法国巴黎“五月革命”建筑思想的影响，建筑结构主义都市论，处在理性与感性的分水岭之间，现代人开始以感性胜于理性的思维方式，以个人的观念、喜好等因素推动建筑的技术革命，包括对开发研制出来的新材料的运用与推广。我观察到，日本建筑界对一座建筑物上的玻璃幕墙的建造的投入往往是巨大的。譬如大型曲面复层玻璃的艺术加工的投入就非常巨大，它需要在进行技术融化加工时，通过玻璃遮热隔热的技术，印刷着色施工，增加夹合的凝固性以及润光作用与功效，构造了玻璃幕墙建筑不同的突感，以及复层玻璃的艺术感官视觉效果，通过这种材料的妙用真正实现了建筑艺术的价值。

建筑专家们发现玻璃的透明功效和阳光反射的光合作用，使建筑墙体更具有采光效果。同时对玻璃的抗震、抗风暴等诸多方面也研发了对应方法和技术。对在玻璃上开孔以增加金属材料加固的构造技术，早在60年代日本就吸收了英国玻璃溶构法技术，其后又汲取了法国同类技术。90年代日本自行研发出来的复合层玻璃熔构技术得到广泛推广；目前玻璃材料在现代城市建筑中已成为了广泛被利用与流行的建材。

> 银座大街运用玻璃、钢质材料设计建造的店面

视线之二，有着悠久木结构建筑技术的日本，为了完善木结构这项传统建筑技术，十分重视木结构建筑技术的运用与推广，因而在施工用材与设计方面推尚因地施材，在施工过程中推行节能环保的理念和重视最高端技术的结合与研发。如使用铁骨钢筋的构架加固，这样既环保又抗震，在对抗震抗灾的建筑材料与技术的运用也发挥得淋漓尽致，值得我们借鉴。

关于建筑材料，日本建筑师或设计理论家众说纷纭。虽然日本森林覆盖率高达67.8%，但为保护环境力保本土的绿色生态环境免遭破坏，日本宁愿高价到海外进口木材，成为木材大量依赖进口的国家之一。东京大学教授有马孝礼对木材作为建筑用材表达了鲜明的观点。他认为木结构建筑是日本传统建筑形式之一，其技术水平目前在世界建筑史上仍占有一席之地，值得珍视与保留。

日本建筑界对木结构建筑形式的研究很有讲究，在结构与建造形式观念设计层出不穷，在技术方面也一直在探寻新技术、寻求新思路，在推行绿色环保的技术上取得了显著的业绩。同时，在建材的开发与利用上不断求新。通过材料的研发，各种现代混合材料的生产运用大大充实了建筑领域，建筑师或建造者将这一现象称之为“超越时空的建筑技术大革命与观念革新”。

有时，我到施工现场看人家“做房子”，就深刻体会到日本建筑人做建筑就像是在完成一件又一件 “童话游戏作品”的组装一样。在施工时，建筑施工者将所有需要的木结构建筑材料运到施工现场，通过有步骤的安装、组合，甚至机械化的操作，很快，一座建筑就在这种有步骤的工作程序中像变魔术一般建成了。

我不得不惊叹，日本木结构建筑技术是真正达到了炉火纯青的地步！同时也感慨日本木材加工生产技术之先进、材质之精良。即使各种通过加工好的木材规格型号不一，譬如构架房屋的板材、线材、柱梁材等样样皆齐，一旦运到施工现场，建筑技术工人们则会熟练地将标记好的用材按图施工进行合理的组合。这种合理配套的施工技术及其管理方式更进一步加快了施工的进程，从而大大提高了施工效率和缩短了施工时间。

视线之三，在此期间，我还探察了日本的建材技术与研发，其投入是巨大的。特别是日本经过多年的本土实战加技术引进，成功地为世人创造出奇迹，也为世界建筑业界提出了新的挑战！我们为何挑战建材，又为何不厌其烦地研发生产出一个又一个新的品种？其结果答案得出是肯定的。时代在变，建筑材料也要推陈出新！

今天，世界建筑领域花大力气去开发研制新的产品，也正好应验了这种潮流的需要与发展。要知道，一座成功的建筑离不开几个关键性的因素，如是由新奇的设计、精良的建筑材料以及先进的施工技术等因素构成的。精良的建筑材料在建筑中起到不可或缺的作用！

当今日本建筑领域，争论得更多的仍然离不开建筑材料这个话题。无论从设计者、建筑施工者到生产加工产品的业界人士，都紧紧围绕着这些方面不断努力地推陈出新。日本建筑最大特点就在于它的建筑设计之新、环保建筑理念之新、材料技术的创新及合理利用等方面表现突出。建筑师和研发材料的技术人都在挑战这一领域，并看好它的前景和市场。

多年来，我一直在关注日本的现代新建筑，对它的过去、现在与将来都倾力收集整理与比较，从中受到不少启发，也增长不少见识。看一件日本新建筑设计作品，不仅留意设计者的创意，也关注建筑中材料的运用。如果说，一座新建筑材料质感很差，即使设计形式很美，仍会带给人粗糙之感。

一直以来，在日本建筑领域，新型的建筑材料在节能环保以及抗灾等性能方面不断推出新技术，以应对市场的需要。我们清楚，任何一项新的建材的研制与研发须花大力气，它是在一种极其艰难的实验中产生的。超越就会变成一项奇迹！日本许多行业均是如此，总是在这种极限的超越边界中勇于探险。我们从这种极限的超越和探险过程中深受启发，也为这份认真与执着所感动！

（四）木结构建筑的艺术特色与地位

在日本传统建筑史上，木结构建筑技术的发展与演变是逐步从封闭走向开放的。受到来自世界各国建筑文化与技术的影响，日本建筑界历尽数百年的发展，在木结构建筑材料、技术、施工等方面，至今仍然走在世界前列。

我观察到，日本在打造一座精良的木结构建筑时，首先强调建筑原始物件的利用。木结构建筑的三要素，即要求具有坚固抗震的地基、合理精确的设计方案、优质精良的木材。在日本木结构建筑形式上，推行构架组合形成的箱体结构技术，形成坚固的建筑形式，以应对自然灾害的侵袭。

木结构建筑在木材的选用上极其讲究，一般会选用有防晒、耐潮湿等不同品质的精良木材，并按各类型号加工生产出来用于施工。木结构建筑在日本的发展有千余年之久，当今仍有广泛的发展前景和良好的市场基础。日本民宅以“一户建”（独栋住宅）为主，多会选择建造独居独栋的二层或三层住宅，这种独栋建筑以木结构建筑形式居多。

由于地震频发的原因，使得日本建筑界极为重视抗震、抗风暴的木结构建筑技术。日本在木结构建筑技术上一般以箱体结构的构造形式为主。“箱体结构”的结构技术就是应对地震特别采用的形式。通过实践证明，一些先进的技术研发生产的混合型抗震材料，如以一种轻便简易的薄型混合材料作为木结构建筑的外墙壁来应对地震的颠、折、撤、扭，具有减震作用，从而可以减弱不少外力震动的力量，起到抗击自然灾害的功效。而在地基的构筑中，木结构建筑也加强了应对的办法。在日本一般超过5层建筑的建筑均会增设橡胶底基础，以抗击地震的侵袭。

从一位日本设计师的“木造住宅施工的实务手记”中，我们能够清楚地了解到木结构建筑施工的流程是极为周密精细的，几个重要环节，如确定具体的构造结构、基础的施工进程以及图纸的绘制等，同时又清晰地了解建造一座木结构建筑精密繁琐的过程，并从中探究到木结构建筑在施工、设计等方面的具体情况。

环节之一，首先是对建筑施工工地进行实地勘察与拍照，再将建筑周边场所的情况进行详细记录，如道路、邻居、土地等情况，然后再开始进行施工。为了设计的精确性，在设计之前建筑师要验证实物的安全性，即在要对实地施工状态（如有否旧的建筑物需要拆除，还是在空地施工）等方面有较详细的了解后，才进行地下基础的施工。在日本建筑师眼里，这一过程往往是设计建筑或建造建筑的关键，也是建筑安全因素最主要的环节。环节之二，是要对建筑物各部位如窗、门、屋檐等部分的确认后，然后才是室内位置的设定，如地下管道、排气设施、过道供水等设施的确认。所有施工进程均有详细的确认和记载。

地基的构筑是建造任何一座不同建筑形式的关键与基础，日本又称之为“地床”。这一环节看起来十分繁琐，在施工中很注重程序的先后。譬如设置地基的地下水管道的环节，在地下水管道的安装完成之后，接着是对其周边的土壤进行防潮湿、防腐、防蚁处理，以确保天长日久不会腐蚀地下水管道。在地基施工进入第二阶段时，要将石材、钢筋、水泥混凝土结构灌浆形成基础部分，这样坚固的地基就形成了。

从建筑师到施工者，每一个环节都必须是在严格的设计方案中进行施工完成的，如果说，在建造房子之前没有非常详尽的图纸和施工计划是很难想象的。我也曾对建筑施工现场进行过实地考察，对施工现场的状况、施工人员在施工进程中的工作程序作过较为详尽的记录。我体会到，日本每一位施工技术人员都像园艺师，他们人人能熟练地操持着手中的“绝活”而丝毫不含糊。

构筑一座木结构建筑，通过建筑师关于地基的图纸，我看到每一条支撑梁柱以及构架的木材都有钢板或铁质的硬板衔接器材进行连接。如运用钉、螺丝固定，以确保构架的坚固性。在建筑的构架、直角、重木各种衔接处均有相应的对应结构连接，这在建筑师的笔记和图纸中有明确的表现。

在木结构建筑施工上，基床（建筑底部的基础构造）投入是相当大的。地基构筑完工后进入上部，即一至二层的建筑时，梁柱、构造木材以及每一条主梁的木材都通过钢、铁的链接构成坚固的箱体结构。经过验证，这种木造箱体结构建筑具有极强的抵挡地震侵袭的能力。

建筑主体施工完成后，就逐步进入一二层的和室和洋室的分类装修阶段。装修施工过程非常讲究。“洋室”的装饰，其工序是以室内的墙面、顶棚、地板，外墙的断热防湿墙面和浴室、窗门等道具的安装程序进行的。“和室”的装饰则分地床柱、开口部的装饰、天井断热材料的安装等工序进行的。在和室的装饰上还有室内的顶棚、壁面、地板的床（榻榻米）、壁柜等设施的安装过程。当这些工程完成后，再进入外壁的安装与涂饰。

当然，除了遵循古法传统，目前日本的木结构住宅的建筑形式很多，尤其是在设计风格、构筑形式和建筑用材上都非常广泛多样，这与不同阶层的人群对建筑的理解和情结因素直接关联。

21世纪建筑设计同艺术的关系

> 银座大街运用现代材料设计建造的建筑

大师的一个观点、一句话，往往都是深刻的，会产生积极的影响。日本建筑学家铃木博之说："21世纪的日本建筑界，会呈现出一个多元化的发展格局。"他的论断一针见血。由于建筑领域要解决"技术与艺术"和"技术与学术、艺术"互为作用的建筑关系，建筑行业就必将顺应这种多元化的意识观念的转变而转变。

做了多年造型艺术工作的我，谈及艺术同建筑的关系，感触自然会深刻一些。不可否认，日本建筑艺术的发展之路是十分奇特的。数百年前，日本建筑从传统的意识形态中走出来，接受西欧建筑思想的影响，真正实现了"开放"，从而开启了对建筑工艺、建筑技术、建筑材料等诸多方面的革新运动。到后来又倡导建筑要注重人文的设计理念，这是符合时代与潮流的发展需要的，由此要解决"技术与艺术"，"技术与学术、艺术"的共存关系这是推动建筑的发展的又一动力。

我们会看到，随着社会信息快速发展，建筑的功能与服务对象更迈向大众化之路。无论是住宅还是公共建筑的服务设施都是紧紧围绕着为人服务，为人设计而设定的。这样使设计的目的、设计的文化观念、设计的艺术与技术的互相关系更为明显了。在当前的社会变革如此快速的时代，我们的建筑能否处理好"技术同艺术"，"学术与技术、艺术"的相互关系，这仍然是我们建筑人需要面对和深入研究与探索的问题之一。

建筑作为一种“设施”或“设备”，能否满足广大人民的生活需要、欣赏习惯和文化传承，这仍然是摆在建筑人面前需要深入探索的重要课题。

我们似乎可以从中了解到，21世纪日本主体建筑景观应该是这样一个画面：洁净绿化的大都市，人们在大型的购物商场购物，在办公社区忙于工作或在咖啡厅自由休闲。

21世纪初，日本建筑界真正的主题任务仍是要解决好建筑服务对象——人的关系，特别是“技术同艺术”、“技术与学术、艺术”的互动关系。人作为建筑的创造者，设计什么样的建筑都取决于人的意识行为，设计建造的终极目标是为大众服务的。在一座公共美术馆或体育场馆的景观设计上，我们建筑师考虑得更多的是这样一个服务对象——观众。观众是服务的主体。观众的要求、眼光、水准等因素都成为影响着建筑师创作什么样的建筑形式的主要动力。

建筑作为一种社会服务设施，各种建筑设计形式的产生，也正是随着多元化社会的需要而发展起来的产物。如何在这种不断求新的时代中，探索出一条适合我们发展的思路，或者说，寻找到一片更为广阔的发展空间，是建筑师需要努力奋斗的方向。

铃木博之指出，日本新建筑的发展，在未来的数十年之中必将会有新的起色。大师的这种预测，是根据社会的发展需要以及快节奏的信息时代所获得的。有时，这种迅猛发展的势头，也能迫使着建筑界人士敢于迈出更大步伐赶超时空的发展。在以人为服务对象的意识中，无形的创造力会超越普通的正常的意识。有时，一些新奇独特的建筑形式出现，这种看似不规则的设计与造型常常能激起大众的激动与共鸣。这也就是人类文明社会的进步与发展中创造性发明的体现。只有瞄准这个目标，深入下去寻求新的突破口，成功的经典景观建筑往往就产生于这种意识形态之中被后人传颂。

建筑师也是来自于民众之中。大众的眼光、视野以及文化背景都是在一个特定的环境之中产生的。只要观察到这些细微的地方，建筑师就会有了自己创新的构思或者说代表着大众一般心理需求的建筑构想，创造性地设计出符合时代需要、也符合大众心理需求、易于接受的现代建筑景观作品。

我感叹，大师铃木博之的观点，也让大家联想起世上许多成功经典的建筑，无不是出自一些观察细腻，敢于大胆创新的一类建筑师之手。事实也证明，建筑的技术于与艺术、学术与技术同艺术的互动关系是紧密相连的。

日本建筑界另一位业内人士饭岛俊比古，他认为，近代日本建筑的发展离不开的一个重要课题，就是对建筑材料的革新问题。在传统的建材中，往往以木、铁、石质的材料为主。随着工业化的进程，对建筑材料的技术革命，混合使用研制开发的铝质建筑材料就是其中最具代表性的一种用途十分广泛的新材料。21世纪日本主体建筑景观中依然会通过运用更先进的技术，不断开发的建筑材料来构造新的建筑。譬如铝质建材的开发使用极其广泛，它可代替木材、石质、铁质等建筑材料，这是一个新时代建筑人对建筑材料认识与理解。也体现了“技术与艺术”和“技术与学术、艺术”的互动关系。

建筑材料的技术同艺术加工生产是一对孪生姐妹关系。在近代日本建筑人从认识铝材的色泽性能开始，到逐步深入将它作为建筑材料加工生产更具有抗震以及抗击各种灾难与风险能力的建筑材料长期投入使用。这就反映了建筑人对“技术与艺术”和“技术与学术、艺术”的深刻理解与融会贯通的体现。

视点之一

（一）“空间·建筑·身体”的新观念

在当代，日本建筑领域提出“空间·建筑·身体”的相互关系，实质上是阐明了随着人类居住与生存环境发生了变化，环境问题是当今的一个全球性的社会问题。

人类向大自然提出了挑战，建筑服务于社会，但又带来了一系列影响环境的因素。如何运用现代科学技术的优势改变与解决建筑与环境的关系，使人类生存居住环境更进一步获得完善与进步。

“空间”是指环境，即周边的居住条件。“建筑”是营造人类居住生活的物件，是改变人类最起码生存与居住的物质条件。它是随着人类文明社会的发展与进步而发展的。“身体”是指居者，人类与物质环境是生存依赖关系。

不同的社会环境和文化背景之下，这三者的关系是相互依存的。只不过所呈现的状态表现不同。首先要改变这些因素，创造更好的物质文明也是人类的共同智慧的表现与愿望。

一座建筑设计，首先要考虑建筑与周围的环境，人们的生活条件等诸多方面的因素相结合起来。其实建筑艺术所受一个国家、一个地区的文化的影响是深刻的。无论是公共建筑（如图书馆、美术馆、博物馆、游艺馆）等大众的服务设施，或是居住的住所，建筑都是受人的文化、生活环境以及生活条件等因素所决定的。

环境同建筑的依存关系非常密切，人类与建筑的依赖关系十分明显。一个地域的周边外部条件（环境）若处于地震频发的地

> 大壁窗通透的设计

区，这种环境之下造建筑，建筑与人的生活与生存安危关系紧密相连。在这种环境下，要求建筑抗震能力加强，设计方案也更会围绕着这些诸多因素来考虑的。

依靠这个理论，人是建筑的客体，客体的生存空间，安全因素紧紧与建筑设计、施工技术问题、材料的运用与研发联系在一起。人受制于外围环境因素，设计与建造建筑就要加强提高这些能抵抗自然灾难能力的硬件技术。在设计人眼里，将建筑设计或建成什么形状，或采用怎样的技术与建筑材料是问题的关键所在。

这一因素，关系着解决居住者的安全因素、环境问题以及抗击自然灾害等技术问题。这一因素是因受制于空间（环境的外部条件影响所致）的关系所决定的。譬如一个生长于地震、火山频发的国家的建筑师同一位生活在几乎没有发生过地震、火山的国家或地区的建筑师相比是完全两样的。在他们身上会产生不同的设计观念与设计方案的。

在日本建筑理论家或建筑学家的眼里，建筑与人的意识和精神境界关系密切，人的意识、行为直接影响着建筑物本身的。建筑的产生也是人类意识行为的产物，这种人与物相互依存又相互为利的关系，体现于我们的实际生活之中。也就是我们视觉中所看到的真实物体——“空间、建筑、身体”的建筑现象。

在建筑学家的观念里存在着这样的观点，他们认为一座建筑的设计形式，包括建筑与环境的呼应关系都直接同人的精神境界相关。譬如一面墙体在人看来是建筑的物质存在的依据，而从精神层面来看它，它又是人的“符身”，保护抵挡外界侵袭的物体存在，是人精神安全的意识行为的保障。墙体的坚固、墙与外界的相互呼应关系以及抵挡各种灾难风险的能力因素、均直接影响着人的精神与行为。这种理解，诠释了日本建筑界对于空间、建筑、身体的看法。

以许多建筑实例为证，构筑建筑景观物体的重要因素，由人的思想意识行为和精细的设计方案、建筑材料与技术、施工程度等方面。无论东西方建筑艺术均是如此，建筑是人类文明智慧的产物，是人的精神行为意识的体现。

在设计与施工中，对建筑形式、精神层面的要求不同。如何构建与设计建筑，完全取决于人的意识行为。建筑在人类生活、居住、工作上的功能作用，是人类精神意识行为的最好体现。就像有的建筑给人强烈的压迫感，而有的建筑又给人以庄严雄伟高大的感觉，还有的建筑景观给人以舒适安逸之感。这都是取决于人的设计与施工技术的行为与精神意识的表现，在此，也进一步阐述了日本建筑师或建筑人提出的“空间·建筑·身体”的关系。

在“空间·建筑·身体”的观点中指出：建筑内外的装饰风格取决于人的意识行为。日本建筑界将其视为不同的价值观与文化精神意识的体现。以梁柱的结构为支撑建筑的中心的建筑形式，在东西方建筑史上的实例并不少见。日本的建筑观念汲取了大量西欧文化的设计意识，对柱的设计、造型以及设立方式进行了多年的探索与实践，在建筑室内以石柱为构架的建筑结构，通过梁柱的设计、变形，采用多种的造型，如圆、方、菱形等造型的设计方案建造出许多成功的建筑，为世人创造了许多建筑奇迹与成功的典范，值得我们从中借鉴。

视点之二

（二）建筑师的职能与观念

在当代信息发展如此之快的年代，建筑代表着时代的物质与精神的产物。它包含具体的内容很多，我首先谈其一，即建筑师的职能与观念。一座建筑的产生，首先离不开建筑师、建筑人的努力。建筑设计思想、建筑构造形式、施工技术难度等方面则是创造成功建筑的先决条件与组成部分。

在日本布野修司的观念里，他认为建筑师成功的标志——一个人理念与现实职能的双重体现。建筑师对绘画、雕刻、数学、天文地理、哲学、音乐、医学、法律等学科似乎无所不及。有人称建筑师是艺术家、法学者、天文学者甚至是魔术师。也有人认为，建筑师是万能人，他们身兼设计造型艺术家、发明家、哲学家、科学家以及工艺师等诸多职能与技巧。建筑师在完成他们的思想与艺术结晶——建筑时，他的职能或观念与思想也就随之释放出来了。

在这个全新的观念和意识形态的社会里，建筑师的表现是显而易见，表现突出的。在20世纪80年代至90年代里，日本建筑领域迅猛发展，进入到鼎盛时期，建筑技术跻身于世界先进行列，被世人所瞩目。

随着全球经济一体化，资源与能源、粮食、环境、建筑遗产与修复等诸多急需面对解决的问题愈显突出，在建筑界无法回避的现实面前，设计与建造一座能节约资源、节约能源又利于环保的建筑，是兴建与修复文化遗址建筑的目标。

为此，日本建筑界在20世纪80年代，尤其是90年代下大力气在建筑形式、建筑技术与观念上进行了不懈的探索与求新。譬如在节能、环保、资源再生利用与开发的技术方面进行了大胆的探索，创新地发明与建造了节能、环保、资源可循环利用的新建筑，为世人积累了宝贵的经验及可供借鉴的技术。

我们不得不承认，日本一些建筑设计大师的成功，源于他们生活的特定时代，在全新观念、全新设计形式的冲击下，推动他们不断探索，又不断求新。在他们完成的一些新奇的建筑设计作品中我们可以探寻到这一切的动力根源。日本建筑业界之所以能够跻身于世界建筑设计大国前列，与这些建筑设计师不断探索和努力是分不开的。

在我的记忆中，从20世纪70年代末到80年代初，随着日本经济的高速度增长，在东京、大阪等几大城市兴建了不少观念性的建筑，引起世界建筑业界的普遍关注。由于当时经济过快增长导致出现经济泡沫，使建筑师的意识行为也一度有些膨胀，影响了建筑艺术设计的发展。在许多建筑师眼里，建筑是艺术、技术及观念创新的综合体。也有人认为，建筑师是艺术家、发明家、天文学者甚至是魔术大师，建筑师应与时代紧密相连。这是建筑师的职能，也是对社会的责任。

日本许多建筑师或建筑人已经意识到他们的职能是承载着强烈的社会责任的，在他们每完成一件建筑设计或项目时都会特别考虑环境、人、建筑的互动关系。

环境中的建筑或建筑与环境，建筑中的人或人在建筑中。其实他们是相互依赖又相互联系的。作为建筑师，如何解决处理好这些互动关系，需要学会用艺术家的眼光理解物象，感悟事物，既要看建筑的整体，也要看建筑的局部，包括它与周边环境的联系。

一些日本建筑师在谈及个人经验或体会时，大多表示他们在处理建筑、环

境、人之间的关系时，会自然意识到这些互动因素的重要性。有时，我在与这些建筑师聊天时了解到，日本的建筑师普遍重视将观念性的建筑与本国国家的历史文化及当代的社会问题紧密联系起来。

譬如说，历史性的建筑、当代环境节能等问题都是他们关注的对象。他们认为，以日本的建筑历史和西欧老牌帝国相比，日本仍然是后起之秀。但日本地处大洋彼岸，接纳西洋文化较早，使日本能跻身世界建筑设计强国之列。这与日本不断涌现出卓有成就的建筑师有关。日本建筑界能以世界水准和高起点的标准衡量自己或看待自己的建筑。譬如有的建筑师就从世界美术馆的设计与建造开始，实现了高水平的设计与建造的实践。这些经历都是造就大师最直接的途径。

我们知道，设计与建造美术馆的工程项目，难度相对较大。它包含的内容很多：如精细的设计方案，优质的建筑材料与技术以及在施工程度等方面要求极其严格。但往往高难度的建筑设计又是成就建筑师的难得机会。以这样的高标准来提升自己，成为许多日本建筑师追求的目标。

有了这样的目标，成长于第二次世界大战后的一批日本年轻有成就的建筑人，经历了日本经济鼎盛时期实现了真正的自我，获得了成功。

东京大学教授，建筑师内藤广先生认为，建筑的价值不仅在于建筑师的独特设计思想与方案，也与整个建造与施工技术密不可分。他说，衡量一座建筑成功的标准是多方面的。当代日本建筑界涌现出来的新生代建筑师，其作品从民间的住宅建筑、公共服务设施到政府、体育、文化等特殊的建筑设施，不断冲击着我们的视线。

譬如在一些民宅建筑设计方面，建筑师妹岛和世设计建造的“梅林之家”，采用白色的暖调子，有很阳光亮丽的感觉。可以说，这完全放弃了传统的建筑设计方案，以大胆发挥个人的创新意识设计完成了这件建筑作品。

当代日本建筑师观念的全新释放。在公共服务设施的建筑中，日本新生代建筑师们注重简约、抽象的艺术手法设计建筑。在这类造型设计上，建筑师更注重将建筑与节能、环保资源再生循环利用等因素结合起来，强化先进技术和新建材的运用特别在现代建筑中，加大抗击灾害的配套设施。如防灾、抗震、调控风力、气温和潮湿处理等技术方面的投入。

芦原太郎、北山恒、崛池秀人等设计建造的宫城县白石市公立综合医院就是一个运用了简约的几何图形组合而成的整体方块型的建筑，整座建筑设计形式从外到里都显出空间的透亮与舒适感。窗明几净，空间宽畅，为客人营造了一个良好的空间气氛。像樱井洁、陶器二三雄等设计的建筑作品也是独树一帜的他们大胆运用空间与自然采光，几何形与现代建筑材料构造组合，使整座建筑内外通透，将建筑、环境、人的三者关系紧紧相结合。这种居家建筑的构筑风格也符合当代人追求阳光建筑、居室、绿色自然生态等居家的心理有关。

建筑师阿部勤、饭田善彦，五十岚淳、伊藤宽、大江一夫、大谷弘明、小川守之、尾关胜之、上山宽、川人洋志、岸本和彦、久保清一、久保田英之、小山隆治、佐藤光彦、仙田满、高砂正弘、竹原义二、田岛则行、田中丰次、田边芳生、池田昌弘、二井清治、西田司、水村郁夫、新田正树、野生司义光、广部刚司、前田圭介等数百余人的建筑师们，在2005年“现代日本建筑师设计评选”中，以他们“阳光居室”的建筑设计作品摘得了“日本建筑大奖”。这种“阳光居室”的景观建筑风格充分展体了现代人对建筑环境、阳光居室建筑的渴望，以及更倾向于亲近大自然的，原生态生活的心理需要。

“阳光居室”的建筑景观设计，体现出新生代建筑师的眼光、设计水准和思路更注重平民化，更符合当代人普遍的心理需要与市场口味。也证明了，当代日本，建筑师的职能与观念的释放时代的到来。

我分析了他们作品的风格特点有如下几个方面：一是设计者将建筑置身于大自然中，使景、物、人三者关系互动关联，着重体现建筑、阳光、人与自然的关系；二是在这些设计风格上体现出一个共同特点，居室建筑内外通透，建筑以几何形的简易造型为主。在建筑材料上运用自然木质建材，如钢、铁、铝合金属材料居多，同钢筋混凝土或纯天然木材与铁艺钢质的建材相结合构筑而成。同时大量地运用了玻璃作为整体墙面让建筑室内充分吸收外面的阳光，这种回归自然的设计心态是大众普遍喜欢的主要原因。

造物思情，人与自然相呼吸的独特设计理念已越来越成为当代建筑师的发展趋势，也更符合当代人的共同心理需求。长期生活在紧张快节奏中的城市人，更渴望大自然，渴望绿色的自然生态，渴望阳光与空气，日本建筑师们将这种心理需求因素融入到自己的设计作品中，使之获得成功！

在日本建筑历史观念中，传统视繁琐、富贵华丽为上品，而现代建筑则以简约、单一，甚至是几何图形为最佳，二者在构筑设计上有明显的区别。传统以坚固封闭的构造建筑形式为主，建筑内外只有几处窗门与外界相连，而现代建筑内外通透、亮丽、大胆呼吸自然，提倡阳光、空气、水分等设计理念的置入。

现代人的居家心理更崇尚自然，向往阳光空气。这种心理上的巨变也成了建筑师改变与创新设计的动机。我们的建筑是与时代、人紧密相连的综合体。细观日本民宅的设计，发现在建筑的造型上，建筑师普遍在 “形”字上下功夫。譬如五十岚淳的“矩形之森”的建筑，整座建筑围 “森”而筑成。伊藤宽的“黑水晶之家”，则外观为黑色木质外墙建成呈“菱形”的造型。整座建筑均运用了木质材料构筑而成。而大江一夫 “光源充足之家”的作品，则突出了“光”有形的建筑思想。建筑中洁白的墙体、简约而又具抽象意味的建筑方块造型，都充分展现了建筑独有的个性，即光的世界，阳光的居室。在大谷弘明“积层之家”的建筑中，我们看到的建筑之“形”是运用木质的材料，几何体的办法突显了这座建筑风格及特殊的意义。

又如小川守之的几件建筑设计也突出了其个人风格。“下连雀之家”、“别庄”都在创意上下了一番大功夫。这些力作，将建筑置临山川土丘之间，融入绿色的自然生态之中，使之突显出其个性与建筑材质特殊之美的特点。

尾关胜之的“落叶松山庄”，上宽的“荻岛之家”等建筑均以形造物，在设计上突出“形”的造型理念。将光、空气融入其内，让人与自然接触，回归自然，回归原生态，让都市人保持普通的心理，成为这一系列成功的经典建筑作品的主要特色。

二战后的日本，成长于七八十年代的一批建筑师，他们设计的一些民居品位个性十分突出，其风格奇特不乏经典传世之篇。在日本，如在构筑美术馆、博物馆和体育场馆这些公共景观建筑项目中，有一个特别引人注目的方面，即在“形”与“意”的景观创意上别出心裁，投入了大量精力进行建造设计。譬如伊藤肇、岛村忠弘、久米大二

> 以“阳光居室”的理念建造的传统建筑局部

郎、黟坂彻等设计建造的“明治安田生命大厦”、上口太位的“松下电工东京本社大厦”，龟井忠夫、村尾忠彦等设计的“日建设计东京大厦”，北山孝二郎的“VINA WALK”、“海老名”（其建筑酷似海虾的造型外观），浅石优的“秩父市历史文化传承馆”、光井纯的“国立国际美术馆”（大阪市）以及妹岛和世、西泽立卫的“金泽21世纪美术馆”（石川县金泽市），细田雅春、大野胜、关野宏行的“广州国际会议展览中心”，安田幸一、神成健的“波拉美术馆”（箱根）和黑野雅好、近宫健一的“小牧室体育公园综合体育馆”（爱知县小牧市），安藤忠雄，横谷英之、井上泰介的“国立国会图书馆国际儿童图书馆”、岩井光男，佐藤和清的“日本工业俱乐部会馆”，田原幸夫的“旧新桥车场”等，这些建筑在建造过程中实现了对建筑景观造型技术的革新，尤其在新材料的运用与开发，特别在节能、环保等新技术的更新与发展上取得了骄人的业绩。

建筑师要解决好建筑的“形”的结构设计与材料技术的运用，这两方面又恰好是体现设计者同施工人员的观念、技术、眼光等问题。建筑设计的“意”则体现了建筑物件的创意、立意。前者是技术力量的表现，后者则是建筑师思想与创新的反映。这两者须较好的相互结合，这是成功建筑不可或缺的重要因素。

视点之三

（三）新空间景观设计的展示

20世纪80年代，日本建筑领域对建筑设计提出一个新词汇——“新空间景观设计”。进入80年代后期，日本的建筑多向这种观念倾斜。开明的建筑理论家提倡以世界前卫建筑师的设计理论与设计思想为楷模，引进世界一流的建筑师。引入先进的观念，先进的技术，先进的材料一时成为日本建筑界争先恐后效仿的行为。将消防与百货商场构成一体的建筑，公园与酒店宾馆连成一体的建筑方案。这种将商业、娱乐、休闲、购物、防灾等综合服务功能于一体的建筑，成为当时日本建筑设计领域的一种新的发展趋势。

随着社会信息、通讯（语言、文字、印刷物、电话、电波、手机、网络等信息）的快速发展与更迭，进一步推动了世界尤其是日本建筑界，向一种综合服务功能的建筑观念转变。在当时，日本建筑界称之为“情报革命”时代的到来。

在这种信息多元化的时代背景下，一批前卫建筑师将他们实验性的建筑设计方案推向市场，产生了积极的作用。日本建筑界出现了一大批卓有成就的建筑师，像阿部仁史、古谷诚章、青木淳、妹岛和世、西泽立卫、安藤忠雄、伊东丰雄、小嶋一浩、宇野享、西陆隆雄、藤本壮介、田村裕希、山本理显、吉村靖孝、山本茂义、平仓章二、小泽明、小崛哲夫、五十岚淳、小笠原龙司、石上纯也等，他们的建筑设计风格符合当代日本建筑新空间设计理念。在建造上采取更为先进的技术与现代的建筑材料，同时也较好地将传统的建筑材料与现代的建造技术有机地结合起来，创造性地为现代人营造了一个新空间的建筑。

现代人对住所、工作场地、娱乐、休闲、购物、阅览等场所的要求更倾向现代都市人喜欢的那种原汁原味的生活形态。人与自然、环境、绿化、休闲、娱乐、通信、购物、阅读等连成一体，成为建筑师的一种新的设计形式。

现代人更喜欢简易、本质的生活形态。实木地板和木结构的建筑内墙与白质两色墙体，构筑出室内外空间的变化，这种新的建筑形式无疑成为当代最时尚的发展趋势。建筑师妹岛和世、西泽立卫等设计完成的新建筑设计作品“金泽21世纪美术馆”就具代表性风格。此项目建造于石川县金泽市，占地面积约260万平方米，于2003年6月完工。整座建筑以圆形环绕绿色的山丘草地，设计方案采用方块形的简易几何图形，设计简约的几何图形主体建筑以大量亮白的银灰色调为主，形成建筑设计视觉上的独创，运用现代整体玻璃墙面的材料与水泥灰色墙体连成一体，颇具视觉冲击力。以青木淳设计建造的“青森县立美术馆”建筑为例，也是以新空间设计理念完成的。其建筑风格与设计突破常规的构造形式，整座美术馆建筑是在地下深度拓展空间，打破了以往的设计构思与布局。

古谷诚章的“茅野市民馆”始终贯彻着“新空间景观设计”的理念，将整座建筑设计成简约、造型新奇、视觉空间亮丽的效果。这座市民馆建筑设计的最大特色是集综合性的服务功能于一体，譬如资料馆、图书阅览室及休闲、购物等服务设施，以人性化的服务，以便民为构筑理念，与新空间的设计思想相得益彰，突出了“新空间景观设计”的新理念。

著名建筑大师安藤忠雄设计建造的“绘本美术馆”是一座实验型的建筑。建筑将绘画中的装置、现代雕塑中的抽象造型和建筑中的梁柱结构的立体构成有机结合，完成了这座“绘本美术馆”的艺术建筑。在当代新建筑的构筑与设计中，这种建筑设计形式十分突出，建筑师借“绘本”（图画书）作为建筑的主题，通过整座建筑的分布，阶梯的梯形变化，阅览走廊的大壁窗，灰色水泥墙体，四方厚实的无窗门的“窗口”透进来的阳光，将这座别具情趣的“美术馆”展现在大众面前。

开放的空间回归原生态，以小泽明主持设计建造的“金山町立明安小学校”为例，整座木结构建筑把开放的空间交给孩子们，让孩子们在这个回归原生态的世界里寻找他们未来的世界。这正是建筑设计者对建筑新空间景观设计的独特理解，同时也是对设计完成这座建筑立意的最好的体现。

视点之四

（四）地球村的人与环境建筑设计

当代日本的新建筑艺术将生活在每一个地区的人群，比喻为地球村的人。进入21世纪以来，地球村的人类将更多地关注环境中的诸多问题，如水资源，森林（绿化）生态平衡等诸多现实问题，开始更多地思考地球生存的问题。面对世界性的环境问题，建筑领域在设计与施工技术、建筑材料的研究与开发方面都无法回避这个问题。建造环保、节源、抗击自然灾害等功能性的建筑愈来愈成为建筑师们时刻思考的问题。

日本建筑界针对环境问题提出了“环境建筑设计”的新观点。譬如1999年6月建造的“海洋水族馆”，这座建筑位于日本海域境内西南两侧最佳的位置，利用冲绳岛舟状海盆与琉球海沟的深海地域的自然环境资源优势，成为又一处亮丽“海上风景”。通过建筑师设计建造了这座颇具特色的“海洋水族馆”建筑，真正实现了日本建筑界提出的“环境建筑设计”的新理念。

又如建造于2002年1月的“中部国际机场”，它位于名古屋爱知县多半岛常滑市冲合地带，有机地利用了当地海域的环境特点，特别设计建造了这座“海上空港”，让世人充分领略到，当代日本建筑在真正实践着建筑与环境和谐关系的设计思想。

海上机场以美妙的风景尽用环境资源优势。它充分利用光、热 、水、绿、风等自然资源，运用 “环境建筑的设计”观念，既利用了自然资源，又有利于环境与资源的循环利用。第一，太阳光的利用，在建筑上层部位设计约1400个240kw的太阳光发电设置（装置），为飞机的动力提供了电源保证。第二，热能源的资源利用，为室内的空调提供了既舒适又环保的资源。第三，水资源的利用，机场建于临海边，将自然的水资源充分利用。在设计上，建筑师将建筑周围降落的雨水较好地利用起来，设计相关的装置，将这些水用于培植树木，浇灌土壤。又将厨房排水进行处理后成为卫生间冲洗之用等。第四，植物绿化资源的利用，建筑师巧妙地通过海上自然阳光的投射作用，设计成一种利用自然光热对室内与环境的绿色植物产生光热调控的装置，有利于植物生长的新技术，较好地将这种环境优势变成可利用的资源优势。第五，风资源的利用，因机场临海，海上的风是最好的资源，建筑师并未忽略这一可利用的资源，在设计上将这一部分的资源有效利用起来，运用相关装置将这种风的力量用于机场建筑内的空调换气，并力求消除风力对建筑的危害影响等功能。第六，设计废弃物处理装置，这有利于消减环境的污染，利于环保的建筑理念。总之，在利用新技术、自然环境优势方面，新建筑的成功经验值得后人深入的研究。这些“环境建筑设计”的新理念、新观点已成为新世纪日本建筑界的主要发展方向。

建于爱媛县大三岛（今治布）的“大三岛现代雕刻美术馆”，也是成功实践

> 利用地域地形条件设计建造的建筑局部

日本建筑界所提出的“环境建筑设计”新理念的经典建筑。据了解（旧时，大三岛是贸易、交通、军事上的重要要塞和边境），建造一座现代雕刻美术馆最初是由出资人所墩夫的构想引发的。

建筑师山本将位于濑户内海海域地带的大三岛集自然优势与人文特点于一身。利用了当地的自然森林优势和大三岛一些自然资源和临海的特点，在建筑形式上充分利用海上自然光的条件，采用通透的屋顶设计方案，有利于自然光的反射作用，整座建筑的视觉效果明亮通透。通过设计营造这座开放透明的雕刻美术馆，建筑师真正实现了“环境景观建筑设计”的思想。自从日本建筑领域率先提出地球环境建筑的设计观念以来，日本近年的一些重大建筑项目在这一方面均有体现！

视点之五

（五）爱知世博会场馆建筑设计的启示

对于一个已经承办过四次“世博会”的国家，日本在建造与设计“世博会”场馆的建筑方面，其经验、设计观念、技术力量自然不言而喻，而21世纪初在日本爱知县召开的世博会，可以说是日本本国的“第四回世界万国会”的大集结。

其新颖独特的场馆景观设计以及先进的建筑环保技术，引起世界业内人士极大的兴趣与关注。为了环境保护，充分利用可再生资源，建筑场馆的设计成为世界关注的主要内容，也给日本建筑界提出了新的课题——在资源技术开发、节约能源等方面，建筑师们采用了最新的建筑设计方案，推出了绿色环保的建筑新理念。

我曾在世博会展场，看到了许多采用原生态的建筑材料设计建造的建筑，觉得颇有视觉冲击力。譬如，竹材搭建的场馆就是一个资源开发、节约能源的较好尝试。为了实现这一设计方案，场馆的设计者们列举了20世纪70年代在大阪世博会的一些例子，从中汲取了一些经验。为了做好2005年爱知县世博会场的场馆设计工作，专家们根据濑户市海上森林的地域特征，结合实地的自然生态条件，全新的世博会场馆建筑的计划应运而生。为了节约资源，提出采用场馆建材循环再利用的办法，从而减少资源的不必要浪费，有力地保护了自然生态和环境，成为此次世博会最引人关注的焦点。

在日本“爱知·世博会”场馆设计方案中，力求体现绿色生态这一特定的环境特点，突出室内与窗外连通的关系，体现展馆通透、野趣、清新的格调。整体场馆体现了当代人与自然环境的依赖关系，以及建筑、广场、人的关系与环境、绿地、自然生态等关系联系在一起。在这种全新的场馆景观设计上，施工人员与建筑师群策群力，发挥各自的智慧，成功设计出绿色生态环境下的自然世博场馆建筑。这种全新的场馆建筑设计理念，也完全符合现代都市人回归大自然的自然心态。

为了推行这一设计理念，让展览场馆如同森林中的“箱房”，因此也有人称这种设计方案是在挑战自我，是超越时空的一种体现。场馆建筑造型的几何图形很抽象又似童话梦幻之中的玩具、积木。恰恰是这种造型，这类展览场馆建筑的出现给现代建筑领域注入了新的血液。同时，也向世界建筑界提出了一些极有参照价值的理论依据。这种设计现象，以及建筑场馆的设计模式，为人类以新的方式挑战大自然开启了一条探索之路。

“爱知・世博会”聚集世界200余个国家参加的“聚会”可谓史上空前。也是日本继1970年大阪世博会以后相隔十余年后的再次聚会。在酝酿策划设计建造“爱知・世博会”场馆这个巨大工程建筑项目上，日本举办方提出了“自然的睿智”的主题，在1988年决定在爱知县召开世博会的决定中，整整历经17年之久的筹备与精心策划，日本建筑师紧紧围绕着“自然的睿智”这一主题，突出地球村的人类对环境、生态资源、地球温室化以及向循环经济型社会形态转变的思考，在这种设计理念的影响下，对这个场馆进行了设计。

在建造“爱知・世博会”场馆的整体建筑中，建筑师集中了大自然的资源与设计的智慧，运用一些如木材、竹编的材料以及一些铝质混合材料，表达了对地球环境与人类关系真正关注的。

> 运用现代玻璃材质装饰的主体大楼

鉴于人对自然环境的强烈依赖，对于一些极为匮乏的不可再生的资源，在展示馆的建筑设计建造上较好地体现了循环利用的构想。展览会结束后，一些建材拆除后即可循环继续使用。特别在场馆的整体布局上，“爱知·世博会”场馆景观设计以人类的智慧、宇宙、地球、绿色森林等构想，完整地实践了“自然的睿智”的主题。

从艺术形式上，场馆景观的建筑设计世博会颇受启发，如电子工业巨头——索尼公司在打造自己的展馆 “长久手日本馆”时，以环境生物分解性的建材作为外墙，以竹编材料、光触媒钢板结合运用风力发电，将木材设计成齿车、音乐器材等，这种有形的场馆制作极具视觉艺术感染力。

在整体场馆设计风格上，场馆主要以资源循环利用的理念实践着这一主题。运用木质材料铺成的走廊、通道和桥梁，其目的是使材料能再循环利用。此外，运用新的技术，采用太阳光热和风力发电、外墙材料循环利用等技术再一次实现了“自然的睿智”的展会主题。

在“爱知·世博会”上，日本建筑界凭借自己的办展经验和传统的建筑工艺水平优势，以现代先进的技术能力，在场馆景观设计上独辟蹊径，开创了一条绿色环保建筑的新理念、新方法、新技术。如利用先进技术设计的光触媒涂料制作而成的钢板可以通过光触技术，使建筑底层设置的灌水装置产生冷却蒸发，以降低室内的温度。同时采用竹质建材，也大量减少了能源的耗损。这些均是当今构建节能环保型社会极佳的新理念、新方法、新技术，此次展览带给世界很多启示。

极具视觉艺术感染力的巨大的“茧”的场馆景观建筑，较好地利用了生物资源，突出了绿色森林环境的理念。面对全球温室化、环境、资源、污染等诸多问题，在建筑领域采用先进的科学技术进行研发，这是非常可取的。

日本在面对环境、温室化、污染等问题上，许多有关部门和行业都积极参与。通过“爱知・世博会”这场有声有色的现场展示，我们从中收获的不仅是感官的视觉体验，还有从新的建筑景观中受到启发。地球环境、资源、污染等诸多人类面对的问题，日本建筑界无法回避，世界各国建筑界也无法回避。

从日本“爱知・世博会”的建筑展示中，人们看到从环境观念设计以木质建材作为外壁的建筑，利用地下水的发热，发电装置的节能空调，风塔装置可以调控自然空气起到换气的功效。建筑上造绿地景观改变空气，利用建筑的绿化可以调换气温与光源的变化。通过这些技术方面的开发利用也使人类的智慧与技术得到了极大的发展。

环境技术，环境污染是世界全人类需要共同面对的课题，若我们细心观察，共同研究，就能从大自然中寻找到可利用的资源，将不利因素变为有利因素。此次“爱知・世博会”主题展就在这些方面给了世人一个启示。利用现代的先端技术，将这些资源（被开发，可循环利用的部分）再研发利用起来可以变为一笔巨大的财富。

在日本都市县府为配合世博会而举办的各种规格的展示馆里，我们仍然可以看到无论规模大小的展览都各具风情与特色，突显其主题——“自然的睿智”，即从大自然之中如何获取丰富的资源。日本中部九个县（富山、石川、福井、长野、岐阜、静冈、爱知、三重、滋贺）共同联合策划举办九县联展，形成一个综合展馆。在展示馆中利用化石为燃料和微生物循环以实现再生利用，并计划以一千年进行目标为循环利用与开发。从联合展会上“千年持续产品”中可以窥视其中的开发设想、技术和目标等。

在“爱知·世博会”会上，同时我们看到一个以巨大创意的环境景观设计如“化石馆”、“月之石”为主题展。聚集70年世界的珍贵物品通过尖端技术的展示，建筑物的创意设计与景观构造形成一座可视的展馆和景观建筑。“地球市民村”的展示馆运用自然资源中的竹材设计建造了这座别开生面的场馆景观建筑，既回归原始，来自于大自然生态的景观，又接近于现代风格，是大自然“睿智的景观建筑”的最好展现。

“天水回”则以直径30米的巨大陶制器物组合而成。由日本建筑师黑川纪章设计，汇聚了日本濑户、常滑、美浓等13个县市，海外7家陶器产地的作品组合而成。似装置艺术的建筑，整座建筑物呈圆形锅盆景形状，颇具极佳的艺术创意效果。

在2005年“爱知·世博会”上，为了展现日本当代企业的高科技成就与未来宇宙世界建筑景观，建筑师通过技能、设计、施工等多种形式与手段，设计出如“铁扇形景观状”的走道回廊，是极具装置艺术效果的庭园景观、几何形景观状的展示场馆建筑。在节能、环保、资源循环利用等方面，集合自然光、热、水等资源通过风力功效，具备散热、隔热、温室、减少污染等多种功能的建筑构想，为世界、为未来人类社会提供了极具参考价值的“人文财富”的设计方案，值得后人进行深入研究。

地球环境建筑的新思考

> 东京新桥地区以现代玻璃材质、钢构架建造的建筑

多年来，我细心观察着日本的建筑历史，特别是第二次世界大战后的60年，这个60年对于日本是个惊人的60年。从战败复兴到经济兴国几十年的突飞猛进，日本向世界证明，只有走和平发展之路，靠科技、教育兴国，才能真正达到国富民强。

1964年东京举办奥运会，开通东海道新干线，大阪于1970年召开“世博会”。进入80年代，经济高速增长出现了“泡沫经济”时代，1995年日本发生阪神大地震，这些重大的事件是“灾难”也是机遇，为日本建筑界提供了极好的施展机会。随着进入工业化生产奇迹般的发展时期，日本产生了一系列工业废弃物影响环境的社会问题，日本建筑界开始探索保护环境，减少建筑施工对环境破坏的新技术与设计。这成为20世纪80年代以后日本建筑界为之寻求发展与改进的一个重要的课题。

几乎在近20余年中，日本围绕建筑材料技术的研发、照明、取暖设备、家具等生活用品以及太阳光热、外气、风、雨、绿化等自然环境与社会环境，资源的循环利用，垃圾的分类回收处理等一系列有关地球、环境等课题进行了技术革命，通过努力取得了显著的成果，为世人瞩目。

如何应对减少对环境的危害，日本建筑界在构造建筑景观前，针对避免此方面的问题，在计划、建设、修改、搬迁与拆迁等各个环节严格制定了相应的规定与标准，并有配套法律条文等进行改革，也就形成了日本早在20世纪70年代实行的环保立法制度。在70年代，日本从德国提出的建筑生物学、地球环境建筑的目标与理念中汲取经验，于1990年，实行了“环境共生住宅”的理念宣言。同年，日本建筑学会创设了“地球环境委员会”。这个地球环境委员会旨在力推地域地球生态保护，建筑与环境、温室化、节能、环境污染等诸多问题设立的，采取相应的管理机制与对策。同时也对地域的气候、传统文化的传承与保护、周边环境的协调、生活质量的提高等有了明确的立法制度，更加强化了建筑与环境的重要性。

在这种建筑理念的指导下，日本建筑界围绕着这个主题和目标，在节源、生物资源利用以及地球上的可以开发再利用的一切资源都进行了有计划的开发与利用。

在一些日本建筑理论家眼里，地球有生有息的自然资源十分丰富，如何合理地利用与开发，首先要解决的是技术问题。这种技术针对环境与生态，譬如机能持续性、调和性等与环境相关的技术性问题。在日晒、阳光、水分、干湿等自然现象中都对生物有着生息的互相关联，这种关系又对人类产生影响。在设计建造建筑时，这种诸多影响环境的因素必须解决好。

当今，面对环境问题谁也无法回避。建筑界一直以来都在探索建筑回归自然，在建筑景观设计的方案中，将自然生态、植物与现代建筑相互共生，成为现代城市建造的方向与潮流。日本许多大中小城市的建筑景观构造也遵循了这个理念和方向。在房顶、墙壁、过道、空地、公园、街角广场等地种植各类生物，绿化环境、改善气候调和空气。因此，日本的建筑理念是以森林绿化为主，以城市建筑景观为辅。这些有利的举措对推进地球、环境、建筑起到了决定性的作用，也使日本的生存、居住环境得到了积极的改进。

70年代，随着日本进入高速经济发展，工业化的进程导致了大量工业废弃物，（工业垃圾）对环境的污染，造成了70年代日本著名的海水污染事件。这一事件发生后极大地震动了全日本，由此从政府到民众，普遍深刻地认识到环境保护的重要性和必要性，有力地推动了全日本举国上下，共同维护环境的决心。如从生活的许多细节开始着手，包括对垃圾分类与回收利用等方面的问题。

日本建筑领域在面对全球“温室”效应、环境问题、能源问题，多年以来一直在

> 东京新建筑景观局部

遵循这样的理念：现代的建筑用材，包括钢筋、水泥、透明的玻璃等都与自然的生物、花、草、木相伴成长为一个建筑区域的整体景观。也就是说建筑、绿色、阳光、水分缺一不可。

在资源的循环利用上，日本建筑领域在设计建造建筑时，充分利用一些自然资源，或通过设计上的技术处理与巧妙利用，收到了相当好的效果。譬如自然换气装置及空调使用办法等，较好地节约、利用了这些能源的耗损，又起到了保护环境与控制温室效应良好的作用。在大楼内采取了相应的装置，如蓄热式的空调热源，高效率的照明自动调光系统，可变风量式的地下停车场换气系统等。

在利用自然能源方面，如采集太阳热能，地下排气等系统装置，对将这些能源较好地发挥与利用起来均收到了较好的效果。另有地下水资源的利用是日本研发的一项新技术，即通过利用地下井水蓄水发电的办法带动蓄热式的空调节能系统装置。

这些建筑物内外配置设施的设计与技术开发，经过实际利用，足以证明在环保与能源节约循环利用上，有效地促进了现代化城市保护环境和减少温室气体排放等方面起到了积极的作用。在空气循环上采取蓄存冷热能源的办法，可有效应地对气候变化并起到循环互动的效应。遮光、排热、通风、夜间换气蒸散及夜间放射作用等，其经验技术值得世人借鉴。

日本的建筑领域不断出台相应的对策，譬如在建筑的使用寿命方面加强对新的建筑材料的防朽、防腐、防灾、防火，防震等方面的规范，进行了深入研发以确保达到建筑本身的坚固性。根据日本传统建筑的寿命，一座建筑的使用年限一般在50～70年。

为了增加建筑本身的使用寿命，唯一的对策就是加强建筑材质的坚固性。在建材的研发，推广，使用方面更多地投入了保护建筑使用延长的技术和相应的措施。尤其在应对地球、环境、能源，气候等诸多的现实问题面前，日本建筑领域就这一重要课题，将是今后持续长久下去的方向和目标。

根据日本一则数据显示，资源枯竭预想图例，譬如石油持续可能达50年，天然气50年左右，铜等矿产资源可开发预计50年等。面对能源问题、资源问题所长期推行的循环利用与技术开发，日本近30余年之中已取得骄人的业绩。

21世纪，“循环型社会”，日本再次提出了这个目标。为进一步改进与推行这一方面的技术与研发，在现代城市乡镇的迁改、新建筑等工程项目上实行对应办法：（1）以旧改新增加设施以及改变陈旧的对应工程与技术，减少不必要的资源浪费与能源耗损。实行现场测验、施工，增加居住者的安心因素。对于新建工程项目在设计、施工技术、建筑材料的使用上推行利用环保、节能可循环利用的最新技术和施工手段。在使用建材上，日本建筑业推出“环境调和材料”，“环境配备材料”的主张。（2）对资源提出循环利用。（3）对各类材料进行分类，主张再生产加工利用。（4）在生产材料时，减少对环境污染的成分，提高生产技术。（5）在施工时，对建筑的用材注重了其寿命与坚固的性能。在拆迁重建时，对废弃的材料要进行合理的再生产利用，减少对环境的破坏与污染。譬如有些不能再生产使用的朽木材要及时进行焚烧处理。（6）在生产研发各类材料时，合理研发、验证其材料对环境是否有害，作出正确的评估等。

对于所生产的各类运用于现代建筑中的材料，日本建筑界一直遵循着地球、环境、建筑的互动关系，推出各种应对的技术与对策。对一件新出产的材料，要对其进行反复验证、评估。其目的是减少材料在使用之中所产生的对环境、人类的危害。因此，在日本提出了高品质化，长寿命化的要求，如生产钢筋，对其使用范围、强度、载重量、厚薄均有严格的要求，力求减少灾害对地球，人类的危害。又如对木结构建筑使用材料的利用与开发，日本也积累了非常多的经验和技术。

在城市的木材资源的循环利用方面，日本采取焚烧的办法，使其用途变为再生资源。朽木通过焚烧后排放二氧化碳，然后将其碳素贮藏，变成了新的资源，形成化石燃料。若朽木埋入地下对土质生态，人类环境水源都有危害。

通过循环型的社会和循环资源的利用与开发，日本推出循环经济型的社会模式，于2000年6月，日本政府立法正式宣布实施这项基本法。循环型社会的确立，有利于地球、人类、环境、生态、资源得到合理的平衡、发展与再生，造福于社会，也造福于人类。

建筑设施设备，对环境空气质量的影响，空气污染物质对人体的影响，日本先后实践推出了各项应对技术与对策。对于不适合人体的、对环境造成危害的设备与设施要及时进行改良和更新，以此提高地球、环境、建筑这三者理念在实际生活中发挥的作用。

考证与评价地球与建筑的自然、风土、景观、文化的关系，主要以地形的特性，山间、内陆、盆地、海岸沿线以及河川沿岸等为标准。气候特性则通过亚热带、温带、亚寒带、寒带等的气候分区，还包括有地层、水文、植物、大气等风土特征。在设计与建造一座建筑时，为了避免与减少自然灾害的侵害，应进行必要的地形地貌和周边的环境因素的现场考察，当做出一定的评定之后方可进行设计方案。

对设计过程中的环境因素，资材生产中对环境的污染，建设阶段时对环境的影响，在使用中建筑本身对环境的影响，日本建筑业界均要进行过反复的推敲与验证，甚至在修改过程中，对环境造成的危害等均要制定相应的对策。譬如针对各阶段，各个环节所造成对环境的影响进行立法与保护措施。设立环境基本法、地球温室化对策推进法、住宅品质确保法、建设的折旧法、节源环保等相应的明文法律规定，进一步完善减少建筑施工过程中对环境的危害，进一步完善相关措施。

我一直在思考，面对当今地球、环境、自然生态、能源等诸多的难题，如果我们都能像日本那样借助并利用现代技术和手段，在环境保护方面或许可以获得较好的效果。

> 采用新材料装饰的商楼局部

镜头1

（一）日本如何构筑抗震的建筑

在日本这样一个四面临海多火山的岛屿国家，地震频繁地发生，不仅给自然生态造成重大的灾难，给人类也带来了不幸与痛苦。多年以来为完善建筑抗震技术，日本政府不断推出相应法律条文与措施，加强建筑施工以及管理技术的推行。

日本建筑界面对地震的侵袭，研究并推出抗震的建筑材料，在运用、设计及施工的过程中，不断推出研发的新技术与新材料，以应对不同级别的地震。譬如建筑的基础的构筑上，就采取了抗震的橡胶底材的建筑基础。在木结构建筑中也采用了箱体结构的建筑形式，这些建筑在技术与用材上，有效地运用了最先进的技术，使日本从地震的阴影中走出来。即使地震来了，日本人所表现出的那种镇定自若的精神，正好说明这是经过多年无数次地震的切身体验所训练出来的。

让我们走进日本建筑界，了解一下日本人是如何设计构筑抗击地震建筑的。为了探寻与考察了解日本的抗震建筑技术，我曾多次到建筑施工现场，探究了解在抗震与抗风暴建筑技术、地基的构筑过程中，日本所采用最先进的施工技术以及注入的规模成本，对所花费的造价等方面进行了仔细分析与了解获得了第一手资料。

首先，为了设计抗震性能强，抗震效果极佳的设计方案，日本建筑师历尽过无数次的实践，研究了无数次重大地震的原因，经过反复验证设计，以对应各种级别的地震的技术与办法的建筑。根据地震发生的特征，地层分东、南、西、北方向的挤压所造成的地面逆向断层，以及形成的地震强烈颠动与断裂性的地层破坏等。地震频发时所出现的地层断裂、火山爆发和猛烈颠、扭、折、翻的地层断裂现象。目前，日本建筑界规定：只要超高5层的建筑，一律采用胶底基础结构的技术与办法进行施工。

为了应对这种地震的侵袭，在地基的构筑上，日本建筑师和建设者们经过反复验证与实践，总结出许多有价值的经验值得我们去探究。譬如在设计上，针对抗震技术与防灾建筑材料的研发。在构造建筑的地基底盘方面，日本建筑界通过多年验证所运用的抗震性极强的胶底地盘基础技术是十分有效的。实践证明，这种胶底地盘基础在抗震性能方面极强，可以应对地层的颠扭、翻折的侵袭。

在强大的地震面前，日本建筑界构造任何一座建筑尤其在抗震设计与施工上是不打折扣的。对于新研发的各种建筑材料，像一些墙体的用材，多采用薄轻量抗震的材料。墙面砖体或线、板材均是连锁结构型的。也就是说，每一块砖与另一块砖是设计成连锁结构型的。整座建筑的骨架结构几乎都是采用钢筋构架（5层以上的建筑）。

过去，日本建筑界曾提出了“刚柔论争”的对抗理论。柔构派主张以物量轻的用材，如木质轻量的建筑应对地震能减轻灾难与损失。而刚阳派则主张采用坚固的钢铁，混凝土结构的建筑更具有抗震性。在事实面前，两派的争论各有千秋。

譬如具有抗震的钢筋加混凝土结构的钢构派，用在超高层的建筑中是绝对占据了上峰的；而木结构的箱体结构建筑，多采用柔构派的风格，即以箱体结构、抗震减力的轻量用材的建筑形式。在箱体的木结构建筑形式上，由于每一块木材均由钉、螺丝、挂钩、锁链、结口互相连接，较好地构成了建筑物体并形成了一个整体的“箱体”结构，即使是地震发生了，由于建筑物体是连锁箱体结构，也就不会造成倒塌或破坏性塌方现象，从而大大地减少了地震造成的损失。

这种针对抗震性能而设计的每一件建材部件，我们从中细读它时，可以清楚地了解日本建筑业为抗震而特别研制生产出来的各种建筑用材，极其讲究。在超高层的钢结构的建筑上，地基的胶底地盘基础在面对强大地震时，根据地震的颠扭、折翻的强烈震动，它的胶底特性也较好地发挥出来。由于胶质具有高弹力功效，一旦地震发生时，它也随震动力量的颠扭而动，不会导致建筑物的倒塌。加上超高层的钢筋混凝土结构的建筑，具有坚固的抗震性，即使地震发生，建筑也随着地盘的惯性而动，不会造成建筑折断或翻滚倒塌现象。这是日本当下所推行及运用最为有效的、应对地震所推行出来的建筑施工技术与办法。

为此，第二次世界大战后几十年中，日本建筑界不断完善与研究出各种应对地震的技术。譬如现代高层建筑的整体玻璃幕墙，在抗震、防灾防火、隔温调控等方面发挥了极佳的功效与作用。这种技术，为世界建筑界提供了极为有效的前沿技术依据。

多年以来，日本政府地震相关部门根据本国发生的多次地震的强度、地震深层的影响力，进行了长短周期性的分析，针对各地发生的地震地质、地形、地貌以及产生地震的原因、结果等均有详细的分析报告与记录，对进一步防范抗击地震所采取的对策，具有积极的意义与价值。由此，也对建筑领域在建造建筑时的设计与评估有极好的参考价值和理论依据。

为预防地震强化对应办法与策略，日本气象地震部门对关东与关西地区进行了预测和评估，对于因地震所造成的当地地区的地质地层的变化，如是否破断或有连续性的频发地震、是否造成地下石油资源的变化、地层断裂后是否下沉等现象，均有详细的分析与报告记录。因沿海出现的地震也会引发火山爆发、海啸等重灾发生，研究应对的策略，成为日本政府有关部门一直长期研究的课题。

为抗击与抵挡地震侵袭，超高达40层的建筑在设计时，建筑师会根据地震发生时几种破坏性的特点，增加高层的每一层间的架构与衔接的设施，在应对抗震设计的基础上，根据高层风力的影响增加抵挡风力设计的机关。这种机关对建筑具有抗拒风力与空气压力的作用，以应对改变高楼风力的侵袭从而起到变动风力与调控风力的作用，成为超高层建筑抵挡地震、抗击风力侵袭的十分有效的应对办法。在此，日本建筑界投入大量的精力与心血进行研发。

根据高层强风的侵袭，高层建筑会产生空气与强风的压力，出现强度的动摇，为了应付制风装置在建筑顶端设置风荷机关装置物与设施等。在建筑物上设置风洞模型的实验，风和荷的设计对进一步完善抵抗风力的设计与功效都收到了极佳的效果。

在免震构造技术设计上，日本研发的应对技术由积层与滑动两部分组成。积层是指柔性基础构造，即机械的绝缘法的滑动性能的作用。在地震时，建筑底部通过这种层面的作用减缓地震带来的破损作用。是目前应对地震比较有效的办法之一。

由于在基础底部，日本的超高层建筑均以胶底材料进行施工。这种底部的特殊建筑材料在面对颠扭折摇等剧烈的地震时都能起到对应的抵抗作用，是当前世界上抗震性极强的建筑技术之一。

在免震和抗震技术上，日本采用了制震的办法应对地震。譬如一座建筑结构采取“可变刚性”的方式应对在地震中造成建筑扭、颠与摇、扭与折等破损的应对技术。这种应对技术是在层与层之间增设电气油压装置，运用这种装置减缓地震造成的破坏。这种应对技术装置也称“可变刚性”的机械装置，具有弹塑性功能。

镜头2

（二）得力有效的抗震措施法的推行

在我的记忆中有个印象深刻的小细节，那就是日本从政府到民间，极力推行得力的、有效的抗震设计措施法。由于地震频发，在日本建筑抗震设计措施法经历了不断更新、不断完善、逐步成熟的过程。从1926年《大正15年道路构造有关细则案》开始，初步确立了建筑物必须具备有承载抗震、防灾技术与功能的能力规定。1939年以后，又出台了《钢质桥梁设计方案书》，以对应抗震强度的规范，进一步提出了标准化的措施方案。

在民宅、道路、桥梁等建筑频繁遭受地震的侵袭后， 1953年，日本政府推出了《SMAC强度耐震设计》相应法律条文与措施，以加强建筑施工管理的推行。直至1956年，又针对当地一些抗震防灾设计技术，提出了新的补充措施方案，出台了《昭和31年钢筋道路桥梁设计方案书》。

在1964年，随着日本新泻地震发生之后，于1972年，为预防地震强化对应办法与策略，日本政府又推出了针对《道路桥梁抗震设计解说》抗震设计措施法，进一步强化了震度预防等相应的对策。

1978年，日本宫城县二中发生了地震。于1979年日本政府又重新出台了《水道施工设计与耐震工法指南解说》等抗震设计措施法的发行。1983年，根据日本

> 日本木结构的温泉旅馆建筑

海中地震情况，日本政府又于1990年重新出台了《道路桥梁方案书》，对《抗震震度法与修正地震法》作出了补充与区别，进一步完善了应对地震的措施法的实施。从这些不同时期推出的抗震设计措施法的法律条文与措施，我看到的是日本民族的凝聚力！

镜头3

（三）汶川大地震引发我们重识日本防灾抗震意识

2008年5月12日，中国四川省汶川一场大地震让无数的建筑废于一旦，将近8万人的生命被这场大地震夺走了。36万余人受伤，1500万余人避难，此次大地震震惊了世界！也引发我们对地震灾难的重新思考与认识，中国政府，乃至中国人民对地震知识，对地震防震、抗震能力也有了重新认识！

如果说，我们国家从政府到民间百姓对抗震、防震知识完全欠缺的话是不准确的。三十多年前的1976年河北省唐山7.8级的大地震，造成24万余人死于灾难足以引起重视。这一血的教训是惨痛的！限于当时中国的国力不够强大，对抗震和震后救灾的能力存在种种不足，加之当时国际社会对中国的援助十分有限，可以说，那次大地震留给后人很多的遗憾！

三十多年后，四川汶川大地震，中国政府表现果断与迅速，全国人民众志成城，形成了一种强大的力量。尽管在推动全民防震抗震的措施方面，我们依然存在许多的弊端和不足。譬如建筑施工中，应对防震抗震的建筑技术处在一个有待提高的阶段。加之一些建筑施工部门管理不力，对一些偷工减料的违规现象没有及时杜绝，使一些不符合抗震能力的施工建筑项目频繁产生。一些民居建筑完全没有抗震能力也是造成此次汶川大地震中大量的房屋建筑毁灭性倒塌的原因之一。对抗震建筑存在的隐患，一些违规的行业人视而不见，没有引起足够的重视！面对一场灾难性巨大的地震应该从此引起反思和重视！

他山之石，可以攻玉。我们的邻国——日本，是世界地震多发的国家，世界地震20%以上发生在日本。饱受地震灾难深重的日本人民，从政府到国民在抗震与防震的举措与意识上做得深入人心，几乎可以说，这种自觉的防灾意识真正渗透到了每个国民的心里。

因此我们应该认真细读日本的建筑艺术，包括日本人民抗震防震的意识。我在日本定居生活多年，面对地震，日本人的心理表现是平静的，地震来了并不可怕，可怕的是心理准备不足，对地震防震知识的欠缺！如果我们在心理上对抗震知识有足够的了解和准备，便可坦然地面对地震！

2011年3月11日，日本宫城、福岛等地发生了日本有史以来的9级特大地震，所造成的损失恐怕是1975年阪神地震的20倍。尽管如此，人们也许不会忘记这场大地震发生时的惊人场面，一些建筑物在大地震中并没有倒塌，更多的是因受巨大海啸的冲击造成的损害与破坏。日本由于地震频发，在防震抗灾方面几乎深入人心。建筑方面，施工对抗震防震的技术要求极为严格，其运用与推广十分普及。政府推出了多项法律条文，进一步完善建筑领域如何防震防灾的法律措施。在民间，建筑行业对抗震防震的技术发挥到了极致，如有偷工减料的现象会受到法律的制裁和公众的谴责。

在民众心目中对地震的感受极深，普遍防震防灾意识较强。在一般的日本人家里或企业均备有各种防震防灾的救急包，以及救急用的相关物品。急救包内装压缩饼干、饮用水、手套、手电筒或可燃12小时左右的蜡烛、收音机等物品。这些物品实际是备用于一旦遭遇地震灾难时，可以为自己生命的获救争取时间。

为了普及地震知识以及直观地震的体验，日本许多城市和社区修建了关于地震的学习体验馆、博物馆及便利的地震体验移动汽车，在人们居住的社区设有各种地震避难场所。在日本各类学校为让学生从小就体验和预防地震知识，经常性的地震预防训练从不间断，让国民从心里普遍认识地震，了解地震。这种潜移默化的教育，让人们高度重视地震，减少地震带给人们的灾难。

在地震预警方面，日本也做得反应迅速。在地震突发之前，有关地震预报信息会迅速通过媒体手段告知民众，让人有心理准备。

因此，日本人面对地震的那种坦然、镇定，是历经多年的磨砺培养出来的。

日本政府在抗震防范的措施方面也不断强化深入人心，倾注大量心血和投入巨资推出研发抗震防灾应对的技术和救灾的设备，这种从政府到民间深入人心的抗震防灾意识值得我们认真思考，提醒我们该如何学习预防地震或防灾的意识。

面对2011年3月11日，日本宫城、福岛等地发生的特大地震以及2008年5月12日的中国汶川大地震，这些惨痛的巨大的自然灾害所留下的血的教训，都是值得我们去深刻反思总结的。我们要敢于面对地震，学会抗震防灾的诸多知识，不断推出卓有成效的抗震防灾措施和相应法规等，这是我们今后长时间需要面对的共同的新课题！

> 日本木结构的温泉旅馆建筑

> 和风建筑室内一隅